植物界

王贞虎 ◎著

天津出版传媒集团

天津教育出版社
TIANJIN EDUCATION PRESS

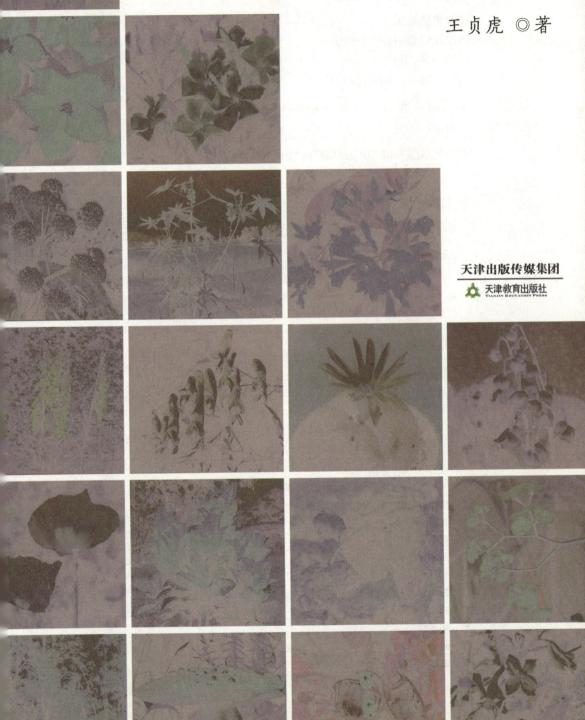

图书在版编目(CIP)数据

植物界的恶巫婆 / 王贞虎著. ——天津:天津教育
出版社,2015.1(2017年7月重印)
(植物秘闻馆)
ISBN 978-7-5309-7725-5

Ⅰ.①植… Ⅱ.①王… Ⅲ.①植物—青少年读物
Ⅳ.①Q94-49

中国版本图书馆 CIP 数据核字(2014)第 282135 号

植物界的恶巫婆　植物秘闻馆

出 版 人	刘志刚
作　　者	王贞虎
选题策划	袁　颖
责任编辑	曾　萱
整体设计	张丽丽
出版发行	天津出版传媒集团
	天津教育出版社(www.tjeph.com.cn)
	天津市和平区西康路 35 号
	邮政编码 300051
经　　销	新华书店
印　　刷	三河市燕春印务有限公司
版　　次	2015 年 1 月第 1 版
印　　次	2017 年 7 月第 3 次印刷
规　　格	16 开(787×1092 毫米)
字　　数	50 千字
印　　张	6.5
定　　价	22.00 元

目 录
contents

镜头四 致痒植物

镜头一

致命植物

自然界生长着不少可致人畜死亡的剧毒植物，它们利用体内各种毒素"祸害"人间，叫人防不胜防。羊角拗是怎样与蝴蝶狼狈为奸杀人的？为什么极少量的蓖麻毒素便可置人于死地？"林中毒王"箭毒木有哪些"邪恶"的本领？本组镜头将带你进入有毒植物的"死亡禁地"。

羊角拗：蝴蝶的"帮凶"

　　羊角拗体内有毒汁，它的毒汁被一种有特殊嗜好的蝴蝶吸食后，会祸害其他昆虫，因而是蝴蝶的"帮凶"。

　　羊角拗因果实状如羊角而得名，为夹竹桃科羊角拗属，是一种木质藤本植物。它有许多别名，如羊角藤、羊角捩、羊角藕、羊角柳、羊角树、羊角纽、羊角扭、大羊角扭蒀、菱角扭、黄葛扭、武靴藤、花拐藤、沥口花、打破碗花、华毒毛旋花子、鲤鱼橄榄、猫屎壳、螺心鱼、金龙角、倒钓笔等，主要生长在我国广西、广东、福建、贵州等省市区，在越南、老挝等地的山坡或路旁灌木丛中也有分布。

　　羊角拗有细长而疏散的枝条，枝条上布满灰白色的皮孔。叶对生，呈椭圆形，叶面叶底均平滑无毛，身高约 2 米，为常绿灌木，以直立或攀缘形态生长。每年 7 月至 11 月，是果实成熟期，果实硕大，椭圆状，木质，约长 10 至 15 厘米，宛如羊角。果实属"蓇葖果"，即由单个干燥的心皮组成，相当坚硬，内里种子披白色绢质毛，呈线状披针形，长约 2 厘米，宽约 5 毫米。果实成熟时，外皮会沿一侧裂开，纤细的长毛便会带着种子，随风传播开去。如果你在野外发现一对羊角形的果实，再加上是藤本植物，枝条上有灰白色皮孔，那极有可能就是羊角拗了。

　　羊角拗的花朵也很有特色，夏季开花，花瓣呈黄绿色，与叶子的颜色十分相近。花冠则像一只漏斗，五片花瓣排列成五角星的形状。每片花瓣又各自伸延出自然下垂的长丝，随风摆动，就像一条条扭曲前行的昆虫。

　　希腊语中有"扭曲的花朵"的说法，指的就是羊角拗。想来，一是说羊角拗花朵特别，二是说它"内心扭曲"了。

羊角拗的种子以及全株分泌的汁液均含有剧毒。在全球约 60 种羊角拗属植物中,几乎每种羊角拗的植株都有毒。不论是西非羊角拗、箭毒羊角拗,还是旋花羊角拗,都离不开"毒"的本性,尤以种子毒性最强,若误食会立即致死。在非洲,人们常常用种子浸泡后的毒箭来猎杀鸟兽。人们常把它与钩吻、马钱子、洋金花一起列为"四大毒草", 可见其毒性

◎ 羊角拗

之强。其主要毒性成分为羊角拗甙及毒毛旋花甙,人中毒后常表现为心跳紊乱、呕吐腹泻、神经性失语、幻觉、神志迷乱,随后四肢冰冷、脸色苍白、脉搏不规则、瞳孔散大,继而痉挛昏迷、心跳停止而死亡。

羊角拗不但自己杀人,而且还"助纣为虐"。它的植株常常供蓝点紫斑蝶的幼虫品尝,这些毛虫不仅不会中毒,进食后还将羊角拗的毒素积存在体内,长大后再变成有毒的蝴蝶,杀死其他昆虫。

羊角拗虽有剧毒,但如果用在中西医学上,对人类还有一些帮助。中医学上常用于外敷,有杀菌、消炎、止痒的功效,可治风湿肿痛、扭伤、皮癣、脓肿及小儿麻痹后遗症等。但只可作外用,绝不可吞服。西医学上则利用它所含的羊角拗甙治疗急性心脏衰竭。

毒鹅膏菌：诡魅的杀手

大自然中有很多种蘑菇，有毒蘑菇亦不在少数，其中最致命的毒菇应数毒鹅膏菌。在欧洲，95%以上的蘑菇中毒事件由毒鹅膏菌引起。有研究表明，毒鹅膏菌在美国、南非、马来西亚、墨西哥、澳大利亚、印度等国也相继发生过中毒事件。

毒鹅膏菌又称绿帽菌、鬼笔鹅膏、蒜叶菌、高把菌、毒伞等，在国外还被称为"死亡帽"。它体型中大，菌肉白色，菌褶白色，菌柄也白色，唯菌盖表面显得另类，宛如一面光滑但长满铁锈的镜子，呈灰绿色或暗绿色，诡异又别具魅力。它喜欢在天气湿热、雨水充足的夏秋季节现身，最喜欢在多橡树、栗树、松树等阔叶林地带安家。毒鹅膏菌兄弟繁多，有喜好独居的，也有偏爱"群居"的。在我国江苏、江西、湖北、安徽、福建、湖南、广东、广西、四川、贵州、云南等地，稍加留心，便会发现它们的身影。

毒鹅膏菌毒性极强，幼时毒性更大。它们体内含毒肽和毒伞肽两类剧毒物质，初食用，味道鲜美，有毒的本质一点儿也不显露。但24小时后，本来面目便暴露出来了，中毒者开始出现恶心、呕吐、腹痛、腹泻症状。此后一至两天症状减轻，患者重又可以活动，似

◎ 毒鹅膏菌

◎ 鳞柄白毒鹅膏菌

已病愈，其实不然，此时毒素已经进一步损害肝、肾、心脏、肺、脑等重要器官。病人的病情很快恶化，伴随出现的症状有呼吸困难、烦躁不安、谵语、面肌抽搐、小腿肌肉痉挛等。此后病情进一步加重，出现肝、肾细胞损害，黄疸，中毒性肝炎、肝肿大、肝萎缩，最后昏迷，如医治不及时，极可能会致死。有史料表明，当年罗马皇帝克劳狄乌斯和查尔斯六世就是因误食毒鹅膏菌而死的。2006年，波兰一个三口之家因食用毒鹅膏菌中毒，一名食用者去世，两名幸存者进行了肝脏移植。2011年末，澳洲堪培拉也有人因误食毒鹅膏菌致死或进行了肝移植。

毒鹅膏菌的近亲众多，且大多也都具有致命毒性。毒鹅膏菌的"小妹"白毒鹅膏菌就是一名"冷面杀手"，它又名白毒伞，为伞菌目鹅膏菌科鹅膏菌属的真菌，是致死率极高的毒蕈。这个"小妹"全株纯白色，但在白色菌盖上滴上几滴氢氧化钾溶液，就会变成黄色。菌柄上长有鳞片，外形也较大。在日本，它与鳞柄白毒鹅膏菌、毒鹅膏菌合称"猛毒菌御三家"，因为三种真菌常被误当成食用真菌食用而中毒。在欧美，白毒鹅膏菌被称为"傻瓜的蘑菇"，因其与可食用的蘑菇外观非常相像，而常被粗心的人们误用。在野外，建议千万别采摘白色的蘑菇食用。

毒鹅膏菌的另一个"小弟"鳞柄白毒鹅膏菌，又称"招魂天使""破坏天使"，也是隶属于伞菌目鹅膏菌科鹅膏菌属下的有毒真菌种。它体型中等大小，通体白色，菌盖的中央为淡黄色圆顶状凸起，湿时具黏性，而有膜质菌环，极易脱落。此菇外貌似可食用的洋菇，其实毒性极强，食入会损坏肝脏，致死率极高。与同样是剧毒的白毒鹅膏菌很相似，唯一不同的是在菌盖上滴上氢氧化钾溶液不会变色。在欧洲、北美洲等地，鳞柄白毒鹅膏菌被称为"毁灭天使"，可见其毒性之大。

毒鹅膏菌的"属下"豹斑毒鹅膏菌，别名豹斑毒伞、满天星、白籽麻菌、斑毒伞、假芝麻菌、斑毒菌，菌盖灰褐色至棕褐色，有白色鳞片，体内含有毒蝇碱及豹斑毒伞素等毒素。食后半小时至6小时发病，主要表现为副交感神经兴奋、呕吐、腹泻、大量出汗、流泪、流涎、瞳孔缩小、感光消失、脉搏减慢、呼吸障碍、体温下降、四肢发冷等。中毒严重时出现幻视、谵语、抽搐、昏迷，甚至有肝损害和出血等现象，一般很少造成人畜死亡。

毛头乳菇：致胃肠中毒的蘑菇

据专家分类，自然界有为数众多的毒蘑菇，人误食后的症状大致可分为六类：(一)胃肠中毒型。人误食这类蘑菇后中毒症状通常为恶心、呕吐、腹痛、腹泻等，这类毒菇有毒粉褶菌、臭黄菇、毛头乳菇、黄粘盖牛肝菌、粉红枝瑚菌等80余种。(二)神经精神型。已知有60余种，中毒症状表现为精神兴奋、精神错乱或精神抑制等神经性症状，如致幻植物中的毒蝇鹅膏菌、小美牛肝菌、迷幻蘑菇等。(三)溶血型。人误食后会在一至两天内发生溶血性贫血，症状是突发寒战、发热、腹疼头疼、腰背肢体疼、面色苍白、恶心、呕吐、全身虚弱无力、烦躁不安和气促，这类蘑菇的典型代表是鹿花菌。(四)肝脏损害型。引起这类中毒的菇种有20余种，如环柄菇属的某些种。(五)呼吸与循环衰竭型。引起这种中毒症状的毒蘑菇主要是亚稀褶黑菇，致死率较高。(六)光过敏性皮炎型。中国目前发现引起此类中毒症状的是致痒植物中的叶状耳盘菌。

◎ 毛头乳菇

现在我们来认识一下自然界最常引起胃肠中毒型的毛头乳菇。毛头乳菇又称"疝疼乳菇"，是一种子实体中等的真菌植物。它的菌盖颜色鲜艳，呈深蛋壳色至暗土黄色，上面长有同心环纹，甚是美观，边缘是白色的，有一些细绒毛，分开菌体，内含白色乳汁，时间久了也不变色，味道很苦。菌盖是扁半球形，中部下凹，像一只漏斗，边缘向内卷曲，菌肉也呈白色。

毛头乳菇有毒，含有胃肠道刺激物以及毒蝇碱等有毒物质，误食会引起胃肠炎或四肢末端剧烈疼痛。潜伏期30分钟至2小时，其毒素主要作用于副交感神经，食入者会大量流汗、吐唾液、流泪发冷、心跳减慢、血压降低、瞳孔缩小、眼花、视物不清，重者甚至会谵语、抽搐、昏迷或木僵，12至24小时后恢复正常。一般病程短，恢复较快，愈后较好，少有致死案例。

我国黑龙江、吉林、河北、山西、四川、广东、甘肃、青海、湖北、云南、内蒙古、新疆、西藏等地夏秋季的林中地上，常生长着毛头乳菇，它们单生或散生，属伞菌目植物，常与榛、桦、鹅耳枥等树木形成菌根。

芫花：采摘回家"打破碗"

20世纪90年代，小学二年级下册语文课本中有一篇《打碗碗花》的文章十分有趣。作者"我"从水渠旁边经过，望见荒地上一片粉白色的野花开得正旺。"我"走到近处，看清那花开得十分异样，粉中透红的花瓣连在一起，形成一个浅浅的小碗，碗底还滚动着露珠。"我"想要去摘，外婆连说："不能摘，谁摘了它，它就叫谁打破碗。"但"我"背着外婆，还是摘了一朵打碗碗花藏在衣兜里。直到一顿饭吃完，手里的碗仍旧安然无恙，"我"才如释重负。作者最后说："打碗碗花——不打碗！"

其实，这就是"芫花"。江苏一带称它"打碗碗花"，当地流传有一个传说，说是哪家小孩子要是采摘"打碗碗花"回家，就会"打破碗"。虽然《打碗碗花》的作者最后说那是一种迷信说法，但按照科学的推论，"打破碗"也并非毫无科学依据，因为芫花有毒。

芫花为瑞香科落叶灌木，高1米左右，茎"多子多孙"——一条主干上分出许多"子枝"，"子枝"上又分出许多"孙枝"，子子孙孙，织成一个树冠紧凑的绿色

◎ 芫花

"工艺品"。这些"儿孙枝"年幼时,上面长满淡黄色的柔毛,就像乳毛未干的婴儿一样。等"长大成人"后,老枝就变成了酱油色,有的则像紫药水,"胎毛"早已褪去,只剩几根稀疏的"柔毛胡须"。叶是"双胞胎",一对一对地生活在一起,秋天到了,就开始脱离枝条选择离开,等第二年开春后,新的"双胞胎"又降生了。

芫花为中国植物图谱数据库收录的有毒植物,全株有毒,以花蕾和根毒性较大,含刺激皮肤、黏膜起徊的油状物,内服中毒后会引起剧烈的腹痛和水泻。

法国还有一种被称作"桂叶芫花"的植物,属于芫花的变种,被列为"世界十二大剧毒植物"之一,它结核果,四季常绿,叶子和梗枝光滑诱人,花香迷人,但内含麦哲明毒素,误食树叶或红色、黄色果实首先会诱发强烈呕吐,然后会导致人内出血、昏迷,直至死亡。

有一些地区又将芫花称为"闷头花",那是因为只要你嗅嗅,就会感觉像喝醉了酒似的头晕。

现在重读那篇《打碗碗花》,会了解原来民间传说也不是完全没有科学根据的,大人因担心孩子中毒而以此告诫,可见用心良苦。

虞美人:血泪凝成美人花

楚汉时期,西楚霸王项羽被刘邦困于垓下,兵孤粮尽,四面楚歌。他留下千古绝笔《垓下歌》,高吟:"力拔山兮气盖世,时不利兮骓不逝。骓不逝兮可奈何,虞兮虞兮奈若何!"而后自投乌江,而爱妃虞姬则拔剑自刎,因战殉情。自此,他们的爱情故事凝成了千古绝唱。

相传,虞姬自刎后,鲜血落地,化为鲜艳的花朵。乌江边上,有一种植物,蛋圆形的花蕾上包有两片绿色白边的萼片，极像低头哀思的少女。待到花蕾绽放时，萼片脱落，一朵绚丽的花朵腾空出世，它弯着的身子直立起来，向上的花朵有四片薄薄的花瓣质薄如绫，光洁似绸，轻盈花冠似朵朵红云片片彩绸，虽无风亦似自摇，风动时更是飘然欲飞，宛如一个姑娘走出伤悲，奋发图强！

人们给这种花取名叫"虞美人"。在古代，它寓意着生离死别的悲歌，也蕴含着英雄惺惺相惜之意。辛弃疾曾写诗赞美它："不肯过江东，玉帐匆匆。只今草木忆英雄。"清代有人以虞姬口吻抒情此花："君王意气尽江东，贱妾何堪入汉宫。碧血化为江上草，花开更比杜鹃红。""三军散尽旌旗倒，玉帐佳人坐中老，香魂夜逐剑光飞，轻血化为原上草。"

或许是玉人血泪凝成此花，或许是虞姬临死前带着对爱人的留恋和对敌人的仇恨，虞美人全株有毒，种子尤甚。它是一种毛茛目罂粟科罂粟属植物，内含罂粟碱，误食后会引起抑制中枢神经中毒，严重者可致生命危险。在医学上，其提取物罂粟碱如果静注过量或注射速度过快，可导致房室传导阻滞、心室颤动，甚至死亡。不过，只要稍加注意，虞美人是不会伤害到人的，毕竟，它是一个善良的"姑娘"。

虞美人又名丽春花、舞草、小种罂粟花、苞米罂粟、蝴蝶满园春、法兰德斯罂粟、田野罂粟、仙女蒿、虞美人草等，一年生草本植

◎ 虞美人

物。夏季开花，花色有红、白、紫、蓝等，浓艳华美。花生于 25～90 厘米高的茎顶上，直径约 7～10 厘米。花瓣 4 片，基部有时有一黑色斑点。虞美人的种子具有惊人的休眠期，十几年后还能发芽。第一次世界大战期间，由于受到战争的蹂躏，土地大多荒芜，战后，土地得以复耕，没想到新开垦的土地遍开虞美人，虞美人竟成了这次战争结束的象征。

作为一种广受欢迎的花卉植物，虞美人广泛种植于欧亚温带大陆，我国也有广泛栽培，尤其以江浙一带最多。比利时还将其作为国花。它是春季美化花坛以及庭院的精细草花，也可盆栽或切花。

虞美人不但花美，而且药用价值高。入药叫雏罂粟，有镇咳、止痛、停泻、催眠等作用，其种子可抗癌化瘤，延年益寿。

虞美人和罂粟同属一科，从外形上看两者非常相似，因此经常有人将虞美人误认为是罂粟。由于罂粟可以提炼毒品海洛因，严禁种植，而虞美人则是常见的观赏花卉，种植广泛。为此，有必要了解虞美人与罂粟的区别：虞美人全株被明显的糙毛，分枝多而纤细，叶质较薄，整体感觉纤弱，未开花时茎部弯曲；罂粟全株光滑并被白粉，包括茎、叶、果等，茎粗壮，茎秆分枝少，叶厚实，果实更大。虞美人花径相对较小，花瓣极为单薄，质地柔嫩；而罂粟花朵较大，花瓣质地较厚实，非常有光泽。虞美人果实较小，直径在 0.6 厘米至 1 厘米左右；罂粟的蒴果，直径可达 3 厘米至 5 厘米，鲜时含有较多的白色乳汁（晒干即为生鸦片）。

木薯：巴西人的"生命之根"

马铃薯、红薯、木薯被称为"世界三大薯类"，而被巴西人称为"生命之根"的带毒的木薯则是"薯中另类"。

◎ 木薯植株

在世界粮食作物排行榜中，木薯是仅次于水稻、甘薯、甘蔗和玉米的第五大农作物。人们常常利用它加工木薯粉，煮熟食用，还可用作家禽家畜的饲料。

木薯的祖先最早生活在热带美洲丛林，后随着子孙繁衍，广泛栽培于热带和部分亚热带地区，巴西、墨西哥、尼日利亚、玻利维亚、泰国、哥伦比亚、印尼等国都能见到它们的身影。19 世纪 20 年代传入我国，从此在我国福建、台湾、云南、贵州、四川、湖南、江西等地生根。广东高州县《县志》（1889 年重修本）证实了木薯这一移民史："有木薯，道光初（道光元年，即 1820 年），来自南洋。"在太平天国时期，木薯已在粤东一带广为栽培，那里至今仍是全国较大的木薯生产地。

木薯在我国又叫葛薯、树薯、树番薯、番鬼葛、臭薯等，为灌木状多年生作物。它的茎直立，身高 2 至 5 米，单叶互生，有裂口，形似手掌。根肉质，状块根，根形庞大，品种多样，约有 160 种。块根中央有一白色线状纤维，即使块根被折断纤维仍相连，类似于藕。块根内含丰富的淀粉，这正是世界人民广泛种植木薯的原因。

木薯起源于巴西，被巴西人视为"生命之根"。巴西人的食物几乎无一不和木薯搭配,在肉汤、鸡汤或鱼汤里放上木薯粉,用微火慢焖,直到成为又黏又稠的糊状物,巴西人称之为"皮楞";巴西东北部还有一道地方名菜,叫"莫盖加",是用鱼、虾、螃蟹、西红柿、棕榈油和木薯粉烩煮而成的;巴西人常将木薯粉与玉米粉、小麦粉混合在一起,做成蛋糕、甜食、饼干、面包圈、玉米饼、木薯粥、面包等。巴西超市、商店里出售的各式饼干大多也都加了木薯粉,口感更加酥松、香脆。

木薯的名字,来自于印第安一个传说。相传很久以前,有一位印第安酋长的女儿未婚而孕。酋长非常生气,发誓要惩罚那个男人,但女儿拒不告诉父亲那个男人的名字。酋长勃然大怒,决定杀掉女儿以正名声。当晚,酋长做了一个梦,梦中有一个白人对他说,他的女儿是无辜的。于是,酋长原谅了女儿。孩子出生后,取名叫玛尼,不幸的是,女婴刚满周岁就无病而亡,酋长于是按照印第安人的习俗,将女婴埋葬在母亲的帐篷附近。几天后,一棵无名的植株长了出来,然后开花,结子,还长出了粗壮发达的根,就如同玛尼那胖乎乎的身体。人们给这种植物取名叫"玛尼奥卡",印第安语的意思是"玛尼的家"。1817 年,奥地利植物学家伊曼纽尔·波埃来到巴西考察,听到这个传说后,就给木薯起了个名字"Manihot Esculenta",这也就是现在国际上通用的木薯的学名。

尽管木薯的块根富含淀粉,被巴西人视为"生命之根",但其全株各部位都含有毒物质,食用时须小心谨慎。生木薯内含有木薯配糖体,遇水时在其本身的酶作用下会水解产生氢氰酸,经消化道吸收进入血循环后,氰离子与呼吸酶结合,会使呼吸酶失去作用,细胞不能正常氧化代谢,导致组织缺氧窒息,其中大脑组织缺氧刺激中枢而引起呕吐。严重时会发生烦躁、呼吸困

◎ 木薯根

难、心律失常、四肢冰冷等症状，极重者可有中枢抑制现象，如深度昏迷、手足厥冷、瞳孔散大、呼吸衰竭等。一个人食用 150 克至 300 克生木薯，即可引起中毒，甚至死亡。

为防止木薯中毒，食用前应将其去皮，用清水浸薯肉，使氰苷溶解。一般泡 6 天左右就可去除 70% 的氰苷，再加热煮熟，即可食用。

秋水仙：不穿内衣的少女

传说，秋水仙是用以纪念耶稣改变容貌之花。自古以来，基督教里就有将圣人与特定花朵联系在一起的习惯，这因循于教会在纪念圣人时，常以盛开的花朵点缀祭坛。而在中世纪的天主教修道院内，更是如园艺中心般种植着各式各样的花朵，久而久之，教会便将 365 天的圣人分别和不同的花朵合在一起，形成所谓的花历。

秋水仙有几个不甚文雅的名字，如"不穿内衣的少女""裸体女人"等，这主要是因为它的外形令人容易产生联想——叶片凋谢落尽后，才开出花朵，因此它的花语是"单纯"。受到这种花祝福而降生的人，个性单纯，不造作，身心纯净，宛如干净的白纸。

谁会想到，秋水仙也有不为人知的一面呢！

原来，秋水仙为多年生草本植物，地下具有卵形鳞茎，未开花时形似熊葱，因而采集者常将它当成野菜挖来食用。但是，秋水仙全株含有剧毒——秋水仙碱，因此误食后有致命危险。食入 2 至 5 小时后，出现症状口渴、喉咙有烧灼感、发热、呕吐、腹泻、腹疼和

◎ 秋水仙

肾衰竭,随后伴有呼吸衰竭,进而导致死亡。虽然治疗的方法有很多,但现阶段还没有能够应用于临床的解毒剂。2007 年的 3 月、4 月,曾有误食秋水仙碱致死的悲剧发生。

秋水仙对猫也有致命作用。由于猫肝脏中缺乏解毒酶,如果不小心采食了秋水仙的叶片,会出现虚弱、厌食、呕吐等症状,甚至会产生严重的肾损伤,导致肾衰竭。即使食用少量的秋水仙,也会对猫的生命造成极大的威胁。

秋水仙属百合科秋水仙属植物,因秋水仙碱最初从它体内萃取出而得名。秋水仙也被称作"番红花"或"孤挺花",球根花卉,每年 8 至 10 月开花,花蕾呈纺锤形,开放时似漏斗,淡粉红色(或紫红色)。园林中常用作岩石园或花坛种植。同属植物 60 余种,其中大部分是秋天只开花不长叶,花朵粉红色或深红色,直接从地下茎抽出花 1 至 4 朵,有着"地下花"之美誉。它原产于欧洲和地中海沿岸,是英国独有的本土番红花物种。我国自 20 世纪 70 年代从国外引进种子和球茎。

秋水仙还是一味中药,可用来治疗痛风、风湿病等,因此它还有一个花语是"良药",大概取"良药苦口"之意。

飞燕草：化身为燕复仇花

在南欧，民间流传着一则凄美的故事。相传古代伊比利亚半岛有一支人口不多的族人，因遭到外族的进攻纷纷逃离居所，逃到丛林，但最终还是没能免于迫害，族人全都被箭射死。他们的生命虽然不再，但魂魄不死，一些化作飞燕，还有一些变成翠雀，纷纷飞回故乡，并伏藏于柔弱的草丛枝条上。后来，这些飞燕、翠雀从枝条上开出了美丽的酷似一只只小鸟的花朵，每年如期绽放，渴望上天能还给它们正义和自由。也许是它们的决心感动了上苍，每每有外族敌人的采折花朵，它们便释放出复仇的毒汁，让敌人的神经系统中毒，因全身痉挛、呼吸衰竭而死亡。

这种植物便是飞燕草，为毛茛科翠雀属多年生草本植物，别名"翠雀草""大花飞燕草""鸽子花""百部草""鸡爪连""干鸟草""萝小花""千鸟花"等。因其花形别致，酷似一只

◎ 飞燕草

只燕子而得名。它形态优雅,花径约 4 厘米,植株高 35 至 65 厘米,叶像一只五指叉开的手。一串花序上开 3 至 15 朵花,闪着蓝色或紫蓝色的光晕,很是好看。原产于欧洲南部,在我国内蒙古、云南、山西、河北、宁夏、四川、甘肃、黑龙江、吉林、辽宁、新疆、西藏等地亦有栽培。主要生活在山坡、草地、固定沙丘等地,喜欢凉爽、通风、日照充足的环境,不喜欢排水不畅的黏性土壤。植株全身覆有一层细细的柔毛,果实则是蓇葖果,三个一组,小家小户过日子。

飞燕草全草有毒,地上部分含生物碱甲基牛扁亭碱,根含二萜生物碱、牛扁碱、甲基牛扁亭碱。对小鼠静脉注射根的总生物碱 LD50 为 4.90mg/kg,小鼠就会四肢无力、呼吸困难,之后惊厥、急骤跳跃后死亡。汁液、种子也有毒,能致食用的羊和牛中毒。中毒的动物表现为走路困难,脉搏、呼吸皆变慢,体温降低,更严重时还伴有肌肉抽搐,乃至运动失调而死。如果人误食,则会引起神经系统中毒,严重的会痉挛、呼吸衰竭而亡。飞燕草的叶、种子还可引起皮炎。

飞燕草是人类种植的花卉中最漂亮的品种之一。它有柔滑的花瓣状萼片,每个萼片根部有一个个形似小鸟的小凸起,总能吸引大批热爱大自然的人们的围观。由于它花形别致,色彩淡雅,也可用作切花。

飞燕草的花语是清静、轻盈、正义、自由。蓝色的飞燕草表示"抑郁";紫色的表示"倾慕、柔顺";粉红色的表示"诗意";白色的则表示"淡雅"。

夹竹桃:我爱模仿秀

在公园或庭院中,常可见到夹竹桃的身影,它四季常青,花期从春天一直持续到秋天,人见人爱。饶有趣味的是,这种植物酷爱"模仿秀"。它本是

◎ 夹竹桃

一种夹竹桃科植物,茎和叶却长得跟竹一样,花茎碧绿青翠,一节紧挨一节,酷似竹节,叶片三个一组,呈长长的披针形,酷似竹叶。叶片边缘异常光滑,主脉从叶柄笔直地长到叶尖,上面覆有一层薄薄的"蜡",跟竹叶一样,这层"蜡"能替叶子保水、保温,帮助植物抵御严寒。夹竹桃的花则貌似桃花,聚伞花序顶生,花萼直立,花冠深红色或白色,重瓣,副花冠鳞片状,顶端撕裂。

经过"模仿",夹竹桃一跃成为庭院观赏植物中极受欢迎的品种之一。但是,剥去夹竹桃艳丽光鲜的外衣,会发现,它的每一寸肌肤都藏有剧毒,是十足的"美人巫婆"!

据美国毒物控制中心报告,美国每年都有上千例夹竹桃中毒事件发生;在我国香港曾发生因用夹竹桃枝烹调食品或搅拌粥品而致死的案例,台湾也曾发生因用夹竹桃枝当筷子引起中毒的案例,江苏也出现过误食夹竹桃中毒的案例。

同样,夹竹桃中毒现象也会发生在动物身上。家畜家禽误食其树叶、树皮后,可引起急性胃肠炎、心律失常和心力衰竭等症。

夹竹桃究竟是何方"神圣"呢？原来，夹竹桃原产于印度、伊朗和阿富汗，于 15 世纪传到我国，原名"甲子桃"，传说 60 年结一次果。后来，名字被误传为"夹竹桃"。或许，"夹竹桃"也是人们对它恶意"模仿"竹和桃的一种曝光——"假竹桃"嘛！

夹竹桃的茎、叶、花均有剧毒，它分泌的乳白色汁液含有夹竹桃甙，人、畜误食后会出现食欲不振、恶心、呕吐、腹泻、腹痛、心悸、脉搏细慢不齐、流涎、眩晕、嗜睡、四肢麻木等症状，严重者会瞳孔散大、血便、昏睡、抽搐甚至死亡。

夹竹桃就算化为灰烬其毒性依然存在，焚烧夹竹桃所产生的烟雾亦有高度的毒性。对人而言，仅食用 10 至 20 片叶子，就能中毒；对婴儿而言，一片叶子足以致命；对于动物而言，以体重与误食夹竹桃的量的比例计算，只要平均每千克体重食用 0.5 毫克夹竹桃就可以致死。

既然夹竹桃有毒，园林部门为何还要广为栽种呢？

原来，夹竹桃有抗烟雾、抗灰尘、抗毒物和净化空气的作用，特别对二氧化硫、氟化氢、氯气等有毒气体有较强的抵抗、吸附作用，它即使全身落满了灰尘仍能旺盛生长，所以在园林界被称为"环保卫士"。此外，夹竹桃成长速度快，花期能从 5 月一直持续到 11 月，成长性、观赏性和环保性都极佳，所以全国各地的园区、道路、小区和单位都广泛栽种。还有，夹竹桃虽然有毒，但毒性隐藏在叶、花及茎干处，即使折断花枝，汁液沾到皮肤上，只要不进入腹内也不会引起中毒，因而在栽培过程中，很少有中毒的报道。需要注意的是，万一误食，要立即洗胃，并随时观察患者的呼吸情况。

此外，夹竹桃还有一定的药用功能，能强心利尿、定喘镇痛，不过很少用在临床医学上。

·小贴士·

含甙类有毒植物：甙（或称苷）是有机化合物的一类结晶体，广泛存在于植物体中，大多数甙无色，无臭，具苦味。少数有色，如黄酮甙、蒽甙、花色甙等。少数具甜味，如甘草皂甙。多数甙呈中性或酸性，少数呈碱性。一般致人畜中毒的甙是植物中的强心甙，如洋地黄甙、地高辛甙、去乙酰毛花甙丙和毒毛旋花子甙K等。同时，它们也常用于医药方面，能加强心肌收缩能力、治疗心功能不全。大自然含强心甙的植物很多，迄今，已从各类植物中提出300余种强心甙，临床应用达20余种。我国从植物中提取的强心甙有羊角拗甙、铃兰毒甙、黄夹甙、黄麻甲甙、福寿草总甙等。含强心甙的植物按其植物分科如下：夹竹桃科有羊角拗、黄花夹竹桃、夹竹桃、罗布麻、海芒果等；萝摩科有北五加皮、滇杠柳、马利筋、牛角瓜等；玄参科有紫花洋地黄、狭叶洋地黄；十字花科有糖芥、桂竹香、七里黄、北美独行菜等；百合科有铃兰、万年青、黄花开口箭等；毛茛科有冰凉花、北侧金盏花、短柱福寿草；椴树科有长蒴黄麻、园蒴黄麻等；桑科有见血封喉。含强心甙的植物如误食或不当服用，可引起厌食、恶心、呕吐、腹泻、腹痛、头痛、疲乏、眩晕、噩梦、视力模糊、色视障碍（黄、绿视）、心脏早搏、心动过速甚至死亡等。

毒芹：植物界的"克隆大师"

自然界有一种"邪恶"植物，它们擅长将自己伪装成"善良"植物的样子，达到"祸害"人的目的。旱毒芹和水毒芹便属于这类植物。芹菜是常见的蔬菜品种，分旱芹和水芹两种，是伞形科高纤维植物，气味芳香，口感清爽，食用有预防高血压、动脉硬化的功效。而旱毒芹和水毒芹则非普通芹菜，只是外表克隆成了旱芹和水芹的模样，让人或动物误认为它们就是旱

◎ 毒芹

芹或水芹，造成误食中毒。

旱毒芹又名野芹菜、白头翁、毒人参、芹叶钩吻、斑毒芹，为多年生草本植物，形态酷似旱芹菜，主要分布在日本、朝鲜、俄罗斯等北温带地区，我国东北、西北、华北地区也有生长，主要生活在沼泽地、水边或沟边。旱毒芹全株有剧毒，吃后让人恶心、呕吐、手脚发冷、四肢麻痹。其主要有毒成分是毒芹碱、甲基毒芹碱和毒芹毒素，能麻痹人的运动神经，抑制延髓中枢。

公元前399年，古希腊著名思想家苏格拉底就是被雅典法庭以一杯泡有旱毒芹的毒酒处死的。苏格拉底饮下这杯剧毒药酒，以死捍卫了雅典法律的权威。

水毒芹被美国农业部列为"北美地区毒性最强的植物"。水毒芹也含有毒芹素，能够破坏人的中枢神经，甚至致人死亡。水毒芹原产于北美洲，平均身高0.6~1.3米，其毒性甚于旱毒芹。因水毒芹开白色小花，叶子上有紫色条纹，根为白色，有时会被人们误认为是欧洲防风草，从而食用而犯下致命错误。

水毒芹的毒素主要集中在根部，任何把它当成水芹或欧洲防风草而食用者，都将面临迅速死亡的危险。它体内的毒芹素将导致食入者剧烈而痛苦地

抽搐、恶心、呕吐、痉挛、肌肉震颤。食用水毒芹中毒后能侥幸活下来的人，也会留下长期的后遗症，例如健忘症。

如误食毒芹，应及时用3%～5%的鞣酸溶液或1：2000的高锰酸钾溶液洗胃；出现肢体麻痹者，可用新斯的明1毫克皮下注射或肌内注射，必要时可重复注射；遇呼吸肌麻痹时，应迅速吸氧，必要时需人工呼吸，甚至施气管切开手术；遇中枢性麻痹、呼吸衰竭者，用呼吸兴奋剂或纳洛酮0.4～0.8毫克，每隔4小时左右重复使用，并予吸氧。

蓖麻：种子里暗藏杀机

蓖麻，别名红麻、草麻、八麻子、牛蓖等，原产于埃及、埃塞俄比亚和印度，后传播到巴西、泰国、阿根廷和美国，我国多地有栽培。蓖麻是大戟科植物的一种，多年生小乔木或灌木，高可达5米。它全株茎秆光滑，上被蜡粉，叶片绿色、青灰色或紫红色，蒴果有刺或光滑，叶掌状，12裂，大而美观；果实古铜色或红色，簇生，美观，可用作风景树。蓖麻种子榨的油称蓖麻油，是一种医药上的泻药，工业上的润滑油。蓖麻叶可养蚕；蓖麻茎秆可以制板和造纸；蓖麻的根、茎、叶、籽均可入药。蓖麻产业已受到世界瞩目，美国将其列为八大战略物资之一；巴西实施了以蓖麻为主要原料之一的国家能源替代计划；印度将蓖麻列入了期货产品，率先实现了蓖麻的市场化……

然而，就是这样一种全身是宝的植物，从它种子里提取的蓖麻毒素却可以迅速置人于死地。

1978 年 9 月 7 日，49 岁流亡英国伦敦已八年的保加利亚著名记者乔治·马尔科夫遭到袭击。此时，他已是英国广播公司、德国之声和欧洲自由电台极受欢迎的播音记者，他大力抨击当时保加利亚国内的个人崇拜和专制制度，为此，保加利亚克格勃曾经策划过两次针对他的暗杀活动均告失败。一天，马尔科夫被人撞了一下，转过身，发现一个男人正在弯腰拾起一把掉在地上的雨伞。那个人用带着外国口音的英语向马尔科夫道歉，随后拦住一辆出租车扬长而去。当天晚上，马尔科夫因高烧被送到了伦敦医院。9 月 11 日，在经历了极端痛苦的三天后，马尔科夫因为内脏衰竭而死。

警察通过尸体解剖发现，马尔科夫的伤口中有一个金属小球，在这个金属球上，钻有两个直径 0.34 毫米大小的洞。1979 年 1 月，验尸官正式确定，正是藏在金属球里面的蓖麻毒素将马尔科夫置于死地。

◎ 蓖麻植株

近年，蓖麻毒素也常被恐怖分子采用邮件的方式用于恐怖活动中。比如美国白宫就曾多次收到基地恐怖分子邮寄的含有蓖麻毒素的邮件，让美国安保人员绷紧了神经。蓖麻毒素可以混在水或食物中被人吞服，可以被注射到人的体内或是通过呼吸使人中毒。当它进入人体之后，会侵入细胞，使细胞不能制造必需的蛋白质。细胞会因此死亡，随后，人会因为机体的衰竭而丧命。

据称，极微小剂量（根据不同接触途径，约 500 微克左右）的蓖麻毒素就能置人于死地。它的毒性是氰化物的 6 000 倍，1 克蓖麻毒素就足以杀死 3 600 人。获取蓖麻毒素也很简单，从种子商店里买回一些蓖麻籽，将 2 盎司热水放入玻璃缸中，加入一茶匙碱液，使其充分混合，待混合溶液冷却后，再将 2 盎司蓖

麻籽投入液体,使其
充分浸泡一个小时,
蓖麻毒素就被离析
出来了。

◎ 蓖麻种子

蓖麻毒素在整
株蓖麻植物里的含
量较低,大部分毒素
都集中在种子包衣
中。未经提取蓖麻毒素的种子也含有毒素。

如果不小心接触了蓖麻毒素,该怎么办呢? 首先,离开蓖麻毒
素释放区域,到有新鲜空气的地方去。接下来,尽快脱掉衣服,用
肥皂水冲洗全身,并进行医疗护理。如果眼睛有灼热感或视力模
糊,应用淡水冲洗眼睛 10 至 15 分钟。如果戴着隐形眼镜,取下并
与受污染的衣物放在一起。如果戴着普通眼镜,摘下并用肥皂水
冲洗,确定冲洗干净后再戴上。

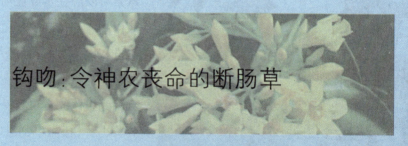

钩吻:令神农丧命的断肠草

传说中,神农氏从小聪明过人,有一副透明的肚肠,能清楚地
看见自己吃到腹中的东西。为了解决百姓疾苦,他亲尝百草,常年
奔走在山林原野间,哪怕中毒也在所不惜。故有神农"一日遇七十
毒"的说法,但因他拥有一种翠绿的能解毒的叶子,总能化险为
夷。直到有一次,神农在一个向阳的地方发现了一种叶片相对而
生的藤,这种藤上开着淡黄色的小花,于是神农就摘了片叶子放

进嘴里,并咽了下去。不想毒性很快发作了,神农身体有了不适之感,刚要吞下那种能解毒的叶子,却看见自己的肠子已经断成一截一截的了。不多久,这位尝遍无数草药的神农便命丧黄泉,从此这种令神农丧命的植物被人们称为"断肠草"。

据后人考证,令神农丧命的"断肠草"正是马钱子科的钩吻。钩吻为多年生常绿藤本植物,它夏季开花,根、茎、叶均有毒,我国云南、广东、广西、福建等地均有生长,缅甸、印度、印度尼西亚等国也有分布。误食钩吻后,肠子会变黑粘连,人腹痛不止而死。

被称为"断肠草"的钩吻究竟含有什么剧毒物质,让许多人死于非命呢?原来,钩吻体内含有剧毒物质钩吻碱,人畜误食后,立即引发眩晕、视物模糊、瞳孔散大、剧烈腹痛、口吐白沫、呼吸麻痹、全身肌肉松弛、胃肠出血等症状,严重者甚至死亡。在中国历代本草中,都将钩吻列为毒品,它虽然有治疗风湿痹痛等难症的功效,但一般不作药用。内服钩吻茎叶 2~12 片或根 2~8 克或嫩芽 10~38 枚即能引起中毒。钩吻花粉也有剧毒,人食用含有花粉的蜂蜜亦可引发严重中毒症状,甚至死亡。

钩吻可"断肠",其实还是由于人们的大意造成的。从以往中毒案例看,很多中毒事件均是人们误将钩吻当作金银花泡茶所致。如果平常多储备一些植物知识,仔细观察,认真比对,谨慎食用,就不会发生那么多惨案了。

辨别钩吻和金银花,只需掌握几个窍门:

首先,看枝叶的外形。钩吻一般枝叶较大,叶子呈卵状长圆形,叶面光滑。而金银花枝叶较细,较柔,枝条上常被有细细的白色绒毛。

其次,看花朵的着生方式。钩吻的花一般生长在枝条的关节处

◎ 钩吻

和枝条的顶端，而且其花呈簇状生长，一个关节处往往有多朵花。而金银花主要生长在枝条的关节处，花朵呈对状，一个关节处一般只生长两朵小花。

再次，花朵的形状和颜色也不同。钩吻花冠黄色，花形呈漏斗状，是合瓣花，长1~1.6厘米。而金银花的花冠呈唇形，花朵呈喇叭状，是离瓣花，花筒较细长，花也比钩吻的花小，并且金银花初开时花朵为白色，一两天后才变为金黄，新旧相间，黄白衬映，故名"金银花"。

◎ 金银花

• 小贴士 •

"断肠草家族"：断肠草并不是一种植物的学名，而是一组植物的通称。在各地都有不同的断肠草，那些具有剧毒，能引起呕吐等消化道反应，并且可以让人毙命的植物似乎都被扣上了"断肠草"的大名。比如雷公藤、葫蔓藤、亡藤、狼毒、乌头、黄堇、紫堇、紫花鱼灯草、醉马草、古钩藤、屈白菜、山羊拗、大戟、非洲断肠草等都是"断肠草家族"的成员。在这些毒物之中，名气最大的当属马钱科钩吻属的钩吻。据相关资料记载，"断肠草家族"至少有10个以上中药材或植物的名称，而非专指某一种药，如简单地将钩吻或雷公藤称为断肠草是错误的。

乌头:抹在兵器上的毒药

《三国演义》中有一段华佗为关公"刮骨疗毒"的故事,说的是关公攻打樊城时,右臂中了箭毒,华佗检视后,发现是乌头箭毒所致,于是征得关公同意后,施行"刮骨疗毒"手术。华佗下刀割开关公皮肉,直至于骨,见骨已青,遂用刀刮骨。帐上帐下见者莫不掩面失色,唯关公饮酒食肉,谈笑对弈,全无痛苦之色。术后,关公痊愈,觉右臂活动自如。

那么,乌头究竟是何毒物呢?原来,乌头是一味中药,因其主根呈圆锥状,似乌鸦之头,故名乌头(乌头的侧根叫"附子",意即"儿子"依附"母亲"),有回阳、逐冷、祛风湿的作用,治大汗亡阳、四肢厥逆、霍乱转筋、肾阳衰弱的腰膝冷痛、形寒爱冷、精神不振以及风寒湿痛、脚气等症,为毛茛科乌头属植物,别名草乌、附子花、金鸦、独白草、鸡毒、断肠草、毒公、奚毒等,主产于我国四川、陕西、云南、贵州、河北、湖南、湖北、江西、甘肃等地。块根呈倒圆锥形,茎高60~150厘米,中部之上疏被反曲的短柔毛,茎下部叶在开花时枯萎。叶片薄革质或纸质,五角形,顶生总状花序,萼片蓝紫色,生于山地草坡或灌丛中。

乌头属植物在世界范围内约有300种(中国160多种),乌头是其中分布最广的一种。它的有毒成分是二萜类生物碱,其中毒性最大的是乌头碱,只要几毫克就可以让人丧命,而且它和河豚毒素一样,都是神经毒素,吃下去之后会导致全身神经活动(以及肌肉活动)紊乱,肌肉不听使唤,心脏乱跳,最后因呼吸中枢麻痹或严重心律失常而死亡。后人推断,当初关公落箭下马,并非骨肉之痛,而是短暂的心律失常所致。

生乌头有猛毒,古代常作为箭毒,涂在箭头上射人猎兽。传说在神农氏时期,人们就已经知道把草乌头的汁液抹在兵器上狩猎。那时候,长江流域以狩猎为生的少数民族的弩弓上的毒箭,都要用草乌头的浓毒液泡上七七四十九天后，拿来对付猛兽。据说箭射到狗熊身上，只要能够见到一丁点血气，七步之内，狗熊一定会倒地。

而在北宋军火家曾公亮历时四年(1040～1044年)编写的军事著作《武经总要》里，则记载了当时的一种专用以对付由地道入侵者的毒药烟球，草乌头在其中扮演了重要的角色。这种烟球的火药配方中除了硫黄、焰硝，就是草乌头、砒霜、巴豆等，有点像雏形的毒气弹，里面装的砒霜、草乌头之类毒物，燃烧后呈烟雾状四散，能使敌方中毒而削弱战斗力。

乌头除了毒性，还有局部麻醉的作用，华佗当年发明的"麻沸散"中就含有这种成分。据说华佗当年行医，遇见一些外科病人，针药无效，必须开刀割去病灶，但是开刀时疼痛难忍，华佗为此整天琢磨着如何减轻病人痛苦。有一天，华佗出外采药，遇见一位猎人昏倒在地，华佗抽出银针把他抢救过来，猎人感激不尽，和他交了朋友。一天，猎人打了一只猛虎，给华佗送了些虎肉。华佗问："猛虎十分凶恶，擒虎可不容易啊！"猎人说："打虎自有擒虎法，我有一种麻药箭，虎中了我的麻药箭就不会动了。"华佗忙问是什么麻药箭，猎人说："很简单，都是些不值钱的草药，有草乌头、曼陀罗子(即洋金花子)、天南星，把药配好装箭头上就行了。"华佗得了猎人的启发，就利用这些草药研究配置，用酒冲服，借酒的升发之力，引药上行至大

◎乌头

脑,使大脑失去知觉,达到麻醉作用,于是制成了麻药。因为该药酒乃蒸沸而成,就把这麻药叫"麻沸散"。

作为乌头的侧根,附子也是一味剧毒药。附子绰号又名"狼克星",旧时农民曾一度用它来消灭狼群。除了"狼克星",它的绰号还包括"猎豹克星""蓝火箭"和"魔鬼头盔"等。

箭毒木:林中毒王

箭毒木又称"见血封喉"、加独树、加布、剪刀树等,为濒临灭绝的稀有树种,是国家二级保护植物,这种桑科乔木多分布于赤道地区,我国散见于广东、广西、海南、云南等省区。印度、越南、老挝、柬埔寨等国也有分布。

作为一种高大乔木,它高达30米,枝叶四季常青,叶片长达9~19厘米,无论阳光多么强烈,总能给人带来大片阴凉。箭毒木的树干很有特色,灰色的树皮上长满了大小不一的泡沫状凸起物。春季开黄色的花,结出一种紫黑色的形状像梨的肉质果,不过味道极苦,不能食用。

西双版纳傣语将箭毒木称为"埋广",是说它有剧毒的意思。早些时候,生活在西双版纳的傣族人民常将箭毒木的枝叶、树皮捣烂,取其汁液涂在箭头上做成毒箭。据说,用这种毒箭射中的野兽,一般上坡的仅七步、下坡的仅八步、平路的仅九步就必死无疑。当地人有"七上八下九不活"的俗语,便由此而来。箭毒木的毒汁一旦接触人畜伤口,中毒者即会心脏麻痹、血管封闭、血液凝固,最后窒息而死。相传美洲的古印第安人在遇到敌人入侵时,女人和儿童在后方将箭毒木的汁液涂于箭头,运到前方,供男人在战场上杀敌,印第安人因此屡战屡胜。

箭毒木的毒性为什么这么强呢?经分析,它分泌的白色乳汁含有见血封喉甙、口气弩箭子甙、弩箭子甙、铃兰毒甙、铃兰毒醇甙、羊角扔糖甙等多种有毒物质。这些物质只需 0.05 毫克就足以让一只青蛙心脏停止收缩，只需 0.107 毫克就足以让一只猫毙命。而要解这种毒，仅有一种叫"红背竹竿草"的植物，它就生长在箭毒木根部四周，但一般人却难以辨认。

◎ 箭毒木

见识了箭毒木可怕的一面，再来见识下它可爱的一面。

其一，箭毒木的树皮富含纤维，可用来制作褥垫、衣服或筒裙。取长度适宜的一段箭毒木树干，用小木棒翻来覆去地敲打，取其树皮放入水中浸泡一个月左右，再冲洗除去毒液，可制作床上褥垫，即使睡上几十年也还具有很好的弹性；用它制作的衣服或筒裙，既轻柔又保暖。

其二，用箭毒木杆、枝、叶子的白浆涂在箭头上，可以猎杀野兽。

其三，从箭毒木中提炼的强心苷，小剂量使用时有强心作用，可用于心脏病急救，是一种救命良药。

马钱子:谋害南唐皇帝李后主

只要去药房抓过中药的人都知道,马钱子有毒,服用须小心。清代李中立就曾形容马钱子:"鸟中其毒,则麻木抽搐而毙;狗中其毒,则苦痛断肠而毙。若误服之,令人四肢拘挛。""马钱子、马钱子,马前食之马后死。"这是对马钱子毒性的真实写照。

◎ 马钱子果实

据历史传说,南唐后主李煜就是被马钱子毒死的。南唐灭亡后,末代皇帝李煜(李后主)成了宋朝的俘虏。李煜才华横溢,擅诗词歌赋。公元 978 年,他写下一首脍炙人口的诗词:"春花秋月何时了?往事知多少。小楼昨夜又东风,故国不堪回首月明中。雕栏玉砌应犹在,只是朱颜改,问君能有几多愁?恰似一江春水向东流。"当这首《虞美人》传到宋太宗赵光义那里时,引起了他的警觉:整首词寄托了对故国的怀念,看来李煜妄图有朝一日东山再起,于是下了一道密旨,派专人用"牵肌酒"混在酒菜之中,将李煜毒杀。据说,宋太宗所赐"牵肌酒",就是用马钱子炮制的。

马钱子别名马钱、车里马钱、云南马钱,主产于印度、越南、缅甸、泰国、斯里兰卡等国,我国福建、台湾、广东、广西、云南也有栽培。生于山地林中,为常绿乔木,高 10 ~ 13 米。叶对生,有柄,叶片广卵形,先端急尖或微凹,全缘,革质,有光泽。聚伞花序顶生,花小,白色,近无梗,花冠筒状,花柱长与花冠相近。浆果球形,成熟时橙色,表面光滑。由于它很像古代挂在马脖子上的连钱,故得名。

马钱子有毒,同时也是一味中药,有兴奋健胃、消肿毒、凉血的功能,主治四肢麻木、瘫痪、食欲不振、痞块、痈疮肿毒、咽喉肿痛等,亦可用于农业除害,可毒杀鼠类和麻雀。用药需炮制后入药,否则会引起中毒。马钱子的主要成分为番木鳖碱,成人一次口服5~10毫克即引起中毒,30毫克致死。中毒者往往伴有非典型性临床表现,如耳鸣、耳聋、双侧面神经麻痹等,严重中毒者可致心跳骤停而死亡。

如马钱子中毒,应尽快使用中枢抑制药制止惊厥,如阿米妥钠、戊巴比妥钠0.3~0.5克或安定10~20毫克静注,遇有呼吸抑制时宜暂停注射。病人如发生躁动又一时没有上述药物,可用乙醚作轻度麻醉,或立即用10%水合氯醛30毫升灌肠。不宜用全身麻醉剂或长效巴比妥类药物,也不宜用安钠咖作中枢兴奋剂,因咖啡因对士的宁有协同作用。不能用浓茶洗胃。

后人常把马钱子与木鳖子混为一谈,因两者形状相似,且均有"木鳖"之名。但木鳖子有壳像鳖,故名木鳖;马钱子无壳,外皮有毛,这是两者区别之所在。

◎ 马钱子枝叶

相思子:"相思泪"凝成的毒素

相传汉代越国有一位男子驻守边关,其妻终日盼其归来。后来,同去的人都回来了,唯独不见其丈夫的身影。妻子思念更切,终日站立于村前道口大树下,朝盼暮望,哭断柔肠,最后竟泣血而死。几日后,树上结出大串荚果,籽实半红半黑,晶莹鲜艳,人们视它为贞节妻子血泪凝成,称之为"相思子"。后来,唐代诗人王维赋诗一首:"红豆生南国,春来发几枝。劝君多采撷,此物最相思。"用以感怀女子不朽的爱情,委婉含蓄,成为千古传诵的名诗。

相思子又名红豆、云南豆子、郎君子、红漆豆、相思豆等,原产于印度尼西亚,现已遍布全球的热带和亚热带地区,我国主要分布于福建、台湾、广东、海南、广西、贵州、云南等地。一般生于丘陵地带或山间、路旁灌丛中,为攀援灌木。相思子茎枝细弱,有平伏短刚毛,叶为复叶,偶数,羽状互生,下面被稀疏的伏贴细毛。总状花序,花冠淡紫色,荚果黄绿色,种子4~6颗,椭圆形,在脐的一端黑色,上端朱红色,十分有光泽。相思子生长性强,常强占其他植物生存空间。短短三个月内,一株相思子植株藤蔓可以达到6米长。

相思子的种子具有装饰性，常被制成首饰，广受欢迎，人们常用它串成念珠。然而，或许是痴情女子凄美的"相思泪"久凝成毒，相思子种子

◎ 相思子

里居然含有剧毒——相思子毒素，这种毒素是一种毒蛋白，要比蓖麻毒素的毒性更烈，不到3微克的相思子毒素就足以致命，而每颗相思子所含的毒素通常都在3微克以上。毒素进入人体后，会与人体细胞膜结合，并阻止蛋白质的合成，而合成蛋白质是细胞最主要的功能之一。因吸入相思子粉尘而中毒的人会出现呼吸困难、发烧、恶心和肺积水等症状，而误食相思子的人则会出现严重的恶心、呕吐和脱水症状，并最终导致肾脏、肝脏、脾脏衰竭，严重者中毒后三至四天即死亡。

不过，作为一种可治疗痈疮、腮腺炎、疥癣、风湿骨痛等症的药材，在服用时稍加小心，一般是不会中毒的。相思子种子的外层覆有一层薄膜，只要不破坏薄膜，即使吞食种子也会安然无事；但是，如果薄膜被划破或者损坏，其毒素就会威胁到生命健康。因此，与佩戴者相比，相思子首饰制作工匠中毒的几率更高。有不少工匠就是在加工相思子饰品时，不小心刺破了手指而中毒身亡了。

作为爱情的象征，相思子有许多花语：少男少女用五色线串相思豆做成项链佩戴在身上，可表示心想事成，做成手环佩戴在手上，表示得心应手，或用以相赠，可增进情谊，让爱情长久；男女婚嫁时，新娘在手腕或颈上佩戴鲜红的相思豆串成的手环或项链，象

征着男女双方心心相印、白头偕老；夫妻枕下各放六颗许过愿的相思豆，可保夫妻同心，百年好合，把许过愿的相思豆佩戴在身上，称为如心所愿。

毛地黄：来自欧洲的"黄老邪"

在金庸武侠小说《射雕英雄传》中，有五个闻名遐迩的人物，他们分别是南帝、北丐、东邪、西毒、中神通，其中东邪——桃花岛岛主、外号"黄老邪"的黄药师，"正中带有七分邪，邪中带有三分正"，给人留下深刻印象。武侠小说正是由于有了这些亦正亦邪的人物，才充满了江湖味。

自然界有许多有毒植物，也充满了江湖味，它们亦正亦邪，一方面可供人们

◎ 洋地黄

观赏，治疗人类疾病，一方面又能夺人性命。毛地黄就是这样一种植物。

毛地黄为玄参科二年生或多年生草本植物，别称"洋地黄""指顶花""金钟""心脏草""毒药草""紫花毛地黄""吊钟花"等，喜欢"隐居"在海拔1 200~1 800米的山间。它们有着直立的茎，不爱在身上长太多的分枝，喜欢穿"毛衣"——全株被一层灰白色短柔毛和腺毛。"身材"中等，矮个子约60厘米高，高个子也不过120厘米。毛地黄的叶片很古怪，叶面非常粗糙，还打了褶皱，就像一位饱经风霜的老人的手。令人惊奇的是，毛地黄的花却宛如一位18岁的少女，呈蜡紫红色，花瓣重重叠叠的像一口口摇摆的钟，十分好看。

就是这样一种"长相"怪异的植物，不时显示它亦正亦邪的本性。

说毛地黄"正"，是因为从它体内提取的"强心贰"为重要的强心药，有兴奋心肌、改善血液循环的作用。说它"邪"，是因为它致命的毒性。毛地黄全株有毒，不当服用可引起食欲不振、恶心呕吐、流涎、腹痛腹泻、心律失常、心室颤动、惊厥、虚脱、昏迷等，严重时可直接危及生命。英国小说家阿加莎·克里斯蒂曾在小说《死亡草》中，描写了一个凶手用毛地黄杀死一个无辜小女孩的情景。毛地黄的毒素主要是洋地黄毒糖的强心配糖体。

毛地黄虽然有毒，却是英国莱斯特郡的郡花。原来，毛地黄的故乡正是欧洲。在我国，它属于一种典型的归化植物。由于毛地黄全身披一层"毛衣"，加上茎叶酷似地黄叶，因而欧洲人给它取名毛地黄。它的子孙"流浪"到我国后，由于有"洋植物"的身份，所以又称它为"洋地黄"。

欧洲有许多关于毛地黄的传说。有一个坏妖精送给狐狸许多毛地黄的花朵，让狐狸把这些花套在脚上，以避免狐狸在毛地黄间觅食发出脚步声。因此，欧洲人又称毛地黄为"狐狸手套"。由于狐狸爱撒谎的天性，毛地黄在欧洲的花语就是谎言。此外，"巫婆手套""仙女手套""死人之钟"等名字，都是人们对毛地黄的戏称。

还有一个传说，有一个妖精住在英国爱尔兰一个充满邪恶的潮湿屋子里，周遭的人都很讨厌它，妖精心胸狭窄，于是就故意捣乱，祸害百姓。后来，一位仙子把妖精带到一个遥远且偏僻的深山里，妖精变成了毛地黄，它感念仙子的恩情，又难改妖精本性，这才有了亦正亦邪的性格。

而苏格兰人则十分讨厌毛地黄，认为它是一种不祥的花，因此禁止采摘回家。但有些欧洲人却对毛地黄情有独钟，只要你读过《牛虻》《简·爱》或者《包法利夫人》，就会发现，浪漫的欧洲人总喜欢把毛地黄种植在房前屋后。

· 小贴士 ·

归化植物：归化植物是指原来不见于本地，从外地或外国传入或侵入的植物，又称驯化植物、迁居植物或外来植物。归化植物是与本地的乡土植物相对而言的。根据传入或侵入的途径，归化植物可分为三类：一是自然归化植物，此类植物来历不十分清楚，是自然侵移进来并归化成为野生种，如加拿大飞蓬、美国鬼针草等；二是人为归化植物，此类植物是作为牧草、饲料、蔬菜、药用或观赏等从国外引进的植物，经过栽培驯化后成为家生状态，如马铃薯、番茄等；三是史前归化植物，这类植物的来历不清楚，它们总是伴随着某些人为活动而分布，常见于农田和住房周围，例如荠菜、酢浆草等。

铃兰：情绪反常的"小公主"

每年的 5 至 7 月，在庭院或公园里，常可见到一种开着一串串白色花犹如风铃的植物，它宛如一位妙龄少女，令人赏心悦目。

这种植物便是铃兰，别名君影草、山谷百合、风铃草等。早先，朝鲜、日本等北温带地区是它们快乐无忧的生长之地，后来"姐妹"多了，有的就到了欧洲和北美洲，有的则来到我国黑龙江、吉林、辽宁、内蒙古、河北等地栖身。它们特别喜欢在海拔850～2 500 米的山间出没，深山幽谷、林地草丛则是它们最快乐的栖息地。

这位快乐的"小公主"属多年生草本植物，身高 20 厘米左右，地下长有许多分枝，多匍匐平展地伏地生长。花为小型钟状花，总状花序，花朵乳白色悬垂，就像一串串铃铛一样，"铃兰"也因此而得名。一条茎上一般着花 6～10 朵，花朵莹洁高贵，精雅绝伦。落花时，花瓣在风中飞舞的样子就像下雪一样，因此草原人民也将铃兰称为"银白色的天堂"。不过，招人喜爱的"小公主"也有另类，如在欧亚大陆生长的铃兰花有白色中脉，而美国的铃兰花花瓣上则有淡绿色中脉。

"小公主"的可人之处实在很多，如从其花中提取的芳香精油十分高级名贵；入秋后，它结出的圆球形暗红色浆果，点缀得庭院姹紫嫣红。铃兰全草皆可入药，有强心、利尿的功效，常用于充血性心力衰竭、心房纤颤等症。除此之外，它还能净化空气，抑制结核菌、肺炎双球菌、葡萄球菌的生长繁殖。

谁知，就是这样一位外表可人的"小公主"，体内却含有铃兰苷、铃兰苦苷和铃兰毒等有毒物质，若不慎误食花或叶，会立即出现

◎铃兰

中毒症状,表现为面部潮红、紧张易怒、头疼、幻觉、红斑、瞳孔放大、呕吐、胃疼、恶心、心跳减慢,严重者会心力衰竭、昏迷甚至死亡。不但铃兰的花叶有毒,甚至连保存过铃兰鲜花的水也会有毒,若误服,一样可引起以上症状。科学家给它的毒素做了测定,确定毒性为6级。

除了体内有毒,铃兰的"心胸"也很狭窄。将铃兰和丁香放在一起,丁香花会迅速萎蔫,如把它们拉开20厘米距离,丁香就又恢复原貌了。将它和水仙花放在一起,两个"小家伙"则会"掐架",往往弄得两败俱伤。或许,铃兰种种"小气",都是它体内的毒素在作怪。

在国外,铃兰还是颇受欢迎的。在法国,每年5月1日都要举办"铃兰节",人们互赠铃兰花,因为法国人相信,铃兰会让人走运。婚礼上,人们也会给新娘送上铃兰,祝福新人"幸福的到来"。在朋友交往中,铃兰历来寓意"幸福、纯洁"。

铃兰是古时候北欧神话传说中日出女神之花,是用来献给日出女神的,同时是北美印第安人的圣花,还是芬兰、瑞典、南斯拉夫的国花。

关于铃兰,还有许多忧伤的传说。

传说之一:亚当和夏娃听信了大毒蛇的谎言,偷食了禁果,森林守护神圣雷欧纳德发誓要杀死大毒蛇。圣雷欧纳德在与大毒蛇的搏斗中,最后精疲力竭,与大毒蛇同归于尽。在他死后的土地上,长出了开白色小花状似小铃铛的具有香味的铃兰,这就是圣雷欧纳德的化身。

传说之二:很久以前,乌克兰有一位美丽的姑娘,痴心等待远征的爱人,思念的泪水滴落在林间草地,变成芳馨四溢的铃兰。

传说之三:铃兰是白雪公主断了线的珍珠项链撒落的珠子,或者是七个小矮人的小小灯笼。

传说之四：有一个叫琅得什的少年，为了他的爱人维丝娜离他而去伤心欲绝，少年的泪水变成了白色的花朵，而少年破碎的心流出的鲜血则变成了铃兰艳红的浆果。

鹿花菌：美味变恶魔

在炎炎夏季的欧洲及北美洲多个国家的莽莽密林中，生长着一种既是美味又叫人害怕的真菌植物——鹿花菌。鹿花菌又名"鹿花蕈"或"河豚菌"，是鹿花菌属下的假羊肚菌，若处理得当，它们就会有山珍的魅力，叫人食之不能忘怀；但如果处理不当，则足以致命。

鹿花菌一般生长在针叶林的沙质土壤上，于春末夏初冒出一颗颗怪脑袋。它的菌盖很像一颗没有头皮的"脑花"，绛色，上面布满花纹，显得诡异、恐怖。菌株一般高10厘米，阔15厘米。初生长，菌盖光滑，此后逐渐长出许多褶皱来。菌盖光鲜亮丽，有红、紫、枣或金褐等多种颜色，气味闻起来芬芳，味道清淡。

鹿花菌于1800年被发现，植物学家将其归在马鞍菌属下。1849年，又

◎ 鹿花菌

有植物学家将它分类到鹿花菌属下。鹿花菌属学名的古希腊文意思是"圆头饰带",种小名是拉丁文"可食用"的意思。

其实,只要除去鹿花菌体内的有毒物质鹿花菌素,它就是一道美味。处理方法很简单,先风干鹿花菌,再煮熟或直接烧烤,鹿花菌素就从植株体内消除了。新鲜的鹿花菌可以先切片,用水煮成半熟,除去水,重复操作一次,用清水冲洗,此时鹿花菌体内的毒素也会基本消失。因而,它虽然有毒,在欧洲及北美洲多个国家并未停止销售。在西班牙及庇利牛斯山东部,鹿花菌被视为美食,很多人经常食用鹿花菌而从来没有发病。2006年及2007年,芬兰分别有21.9吨及32.7吨鹿花菌售出。在芬兰菜式中,会将鹿花菌夹在西式蛋饼中或是与牛油一同嫩煎,此外也可用来煮汤。

不过,德国禁止出售鹿花菌。瑞典也有关于食用鹿花菌危险的警告,并限制食客购买鹿花菌。西班牙禁止售卖鹿花菌。

100年前,人们就已知道鹿花菌带有毒性。那时,人们以为鹿花菌中毒是由于人体的过敏反应引起的,而未加注意。直到20世纪70年代,人们才相信鹿花菌有毒,且有可能致命。东欧及斯堪的纳维亚频频出现鹿花菌死亡事件。1971年,波兰相关部门统计结果显示,因食用鹿花菌致死率达23%。由于处理方法得当,死亡率自20世纪中叶开始下降;在1952年至2002年的瑞典,就没再出现鹿花菌的致命报告。

毒鱼藤:专跟鱼儿过不去的绿藤

小时候,家门前有一条小河,清澈见底,常见一些鱼儿在河底水草处、石缝间自由自在地游来游去。谁知有一天听见一声吆喝:"走,下河毒鱼啰!"便见一个男人用一只背篓背了一大篓绿绿的藤,在小河上游用力搓洗那些绿藤,河水被绿藤染绿,随后漂起一些小鱼来,它们翻动着白白的鱼肚,似乎在挣扎,又似乎在抗议……

◎ 毒鱼藤

后来才知道,男人背篓里的绿藤是专门跟鱼儿过不去的毒鱼藤。

毒鱼藤又名"毛鱼藤""白药根""雷公藤蹄",为双子叶植物药豆科植物,生长于山坡、溪边灌丛中或疏林中,我国广东和广西有栽培。它身长7至10米,藤蔓触到哪里,便将哪里牢牢抓住,柔嫩的小枝长满褐色的绒毛,小叶排列在叶柄延长所成的叶轴的两侧,呈羽状,开红色或白色的花。

毒鱼藤的毒就在它的根和茎上。原来,毒鱼藤的根茎汁液里含有一种有毒的酚物质——鱼藤酮,对昆虫、鱼类有很强的杀伤力,从中提取的"鱼藤精"还是一种农药,可用来防治农作物害虫。鱼藤酮主要属于神经毒,作用于延髓,先兴奋后抑制,开始呼吸中枢兴奋,并伴有惊厥,其后则呼吸和血管运动中枢麻痹。人中毒后,出现恶心、呕吐、阵发性腹痛、烦躁、呼吸缓慢、肌肉颤动以及阵发性痉挛症状,严重者昏迷,可因呼吸麻痹和心力衰竭而死亡。鲜根粉碎后投入水中能毒死大量鱼虾,还可用来制造箭毒毒杀野兽。根的粉尘能让人的皮肤发痒发红。

万物有一利便有一弊,在利用毒鱼藤杀害农作物害虫的同时,千万记住要学会保护环境,保护水资源,千万别学文章开头那个男人,用毒鱼藤下河毒鱼哟!

含酚的有毒植物：酚是一种化学物质，又称羟基苯、苯酚或石碳酸，为白色针状结晶，有令人不快的芳香气味，对皮肤和黏膜有强烈腐蚀性，经皮肤黏膜吸收后再分布到各组织，最后透入细胞引起全身中毒。误食一定量的酚，也会出现中毒症状。中毒初期表现为皮肤苍白、起皱、软化、疼痛，后转为红色、棕黑色，严重时坏死。皮肤接触面积较大时可引起急性中毒，出现头痛、眩晕、乏力、呼吸困难等症状。酚溅入眼内，若未及时用水冲洗，可导致结膜、角膜灼伤甚至坏死。口服酚后可引起口腔、咽喉、胸骨烧灼感、剧烈腹痛、呕吐和腹泻。长期吸入低浓度酚可引起恶心、呕吐、食欲减退和腹泻等消化道症状。酚还可能引起过敏性皮炎和湿疹。含酚的有毒植物包括常春藤、毒鱼藤、栎树、野葛、漆树、地薯、槟榔等。

镜头二
促癌植物

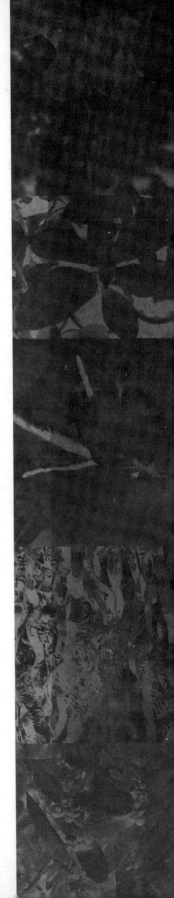

多年来，人们一直"谈癌色变"。须知，有些癌症的病因来自植物。因此，有必要了解促癌植物，远离癌症，让自己拥有健康体魄。

变叶木："叶美人"变身"毒巫婆"

"金灿灿的太阳,红艳艳的霞。最美的女人是妈妈,妈妈的乳汁似蜜,妈妈的笑靥如花……"这是歌曲《最美的女人是妈妈》中的歌词。乳汁总是与母亲、与甘甜紧密相连,它银白的充满奶香的汁液,伴随着每一位孩子的成长。

但是,在植物界中,拥有"乳汁"的植物却并不一定是"好妈妈",乳白色的汁液下面,隐藏的也许是毒药。

变叶木就是植物界一位拥有白色乳汁的"巫婆"。几乎它身体的每个部位都会分泌"乳汁",这些"乳汁"一旦接触到人的身体,极有可能诱发癌症。从1982年起,中国疾病预防控制中心病毒所曾毅院士和一些科研人员对一些植物所含物质的促癌作用进行了系统研究,共在1 693种植物中发现52种致癌植物,变叶木榜上有名。作为家庭最常栽培的观赏植物之一,变叶木正在极大程度地影响着人的身体健康。

说变叶木是"巫婆"一点儿不假。它没有叫人恋色、闻香、品形的花朵,为了挤进花卉植物的队伍,不惜施展"变色术",重磅打造叶片。近年来,观叶植物异军突起,鹅掌柴、金脉单药花、圆叶南洋参、八角金盘、虎尾兰、袖珍椰子、印度橡皮树等均以奇美的叶片夺人眼球。作为大戟科的常绿小灌木变叶木,自然不甘落后,更成为其中的佼佼者。

变叶木奇就奇在它的叶片。变叶木又名"洒金榕""变色月桂",种种称呼都跟它的叶片有关。它自知无艳丽的花朵,身高也一般,不过1~2米,于是在叶片的形状上下足了工夫,线形、披针形、卵形、椭圆形无所不具。有了千姿百态的叶形后,又在叶色上

◎ 变叶木

开动脑筋，"开发"出亮绿色、白色、灰色、红色、淡红色、深红色、紫色、黄色、黄红色等多种多样的颜色，然后再在这些不同色彩的叶片上点缀千变万化的斑点和斑纹，犹如在锦缎上洒满了金点，在宣纸上随意泼洒了彩墨。有了这样别具一格的外表，变叶木一度成为种植量最大的室内观赏花卉之一。

谁知，在它美丽的外衣下，竟有着鲜为人知的秘密。变叶木通过叶片、茎、根分泌的汁液，会神不知鬼不觉地让贪恋它美色的人尝到苦果。人畜若误食变叶木，会产生腹痛、腹泻等症状，这是因为变叶木的汁液中含有激活 EB 病毒的物质，如果长时间接触，还会诱发鼻咽癌。

变叶木原产于亚洲马来半岛至大洋洲，现广泛栽培于热带地区。我国南方地区以前常见栽培，开发出 120 多个品种，如黑皇后、鸿爪、晚霞、金皇后、鹰羽、虎尾、莫纳、利萨、布兰克夫人、奇异、金太阳等。但是，自从科学家披露它是一种促癌植物后，养花人已不再视它为"叶美人"了，再栽培时也变得小心翼翼。

巴豆:"瘦"人"肥"鼠怪豆豆

　　据《三湘都市报》报道,2012年12月18日,湖南长沙学院27名学生在一家米粉店吃早餐后,全体出现腹泻症状。经长沙市公安局调查,查明这是一宗故意投毒案。犯罪嫌疑人为另一家牛肉粉店老板,因与学院物业公司产生纠纷,故在米粉店汤料锅中投放了巴豆,以达到报复物业公司、挤走同行的目的。

　　巴豆是什么呢?原来,它是巴豆树上结下的种子,是一种"泻"药,"瘦"身药。人服下后,口腔、咽喉、食道会有强烈的灼烧感,同时伴有恶心、呕吐、上腹部剧痛、剧烈腹泻等症,严重者会大便带血、头痛、头晕、脱水、呼吸困难、痉挛、昏迷、肾损伤,最后因呼吸及循环衰竭而死。孕妇食后可致流产。

　　巴豆树为大戟科巴豆属植物,又名"落水金刚""猛树""广仔子"等,生活在我国四川、湖南、湖北等地的山谷、溪边、旷野、密林中。四川是其主要产地。四川古称"巴国",所以它得名"巴豆"。巴豆树是一种高达6~10米的常绿乔木,幼时枝条碧绿欲滴,上被一层星状绒毛,很是好看。两年后,枝条"人老珠黄",显灰绿色,不明显的黄色细纵裂纹也爬到"脸"上来。叶与叶"兄弟"关系紧密,互生,叶脉为三出脉,宛如叶上三座山峰,直插叶尖;叶片卵形或长圆状卵形,长5~13厘米,宽2.5~6厘米,先端渐尖,基部圆形或阔楔形,叶缘有疏浅锯齿,两面均有稀疏星状毛。花十分有特色,总状花序,上部是雄花的地盘,下部是雌花的家,结蒴果。所谓蒴果,也就是干果中裂果的一种,由两个以上的心皮构成,成熟后自己裂开,内含许多种子,如棉花、芝麻、百合等的果实即属"蒴果"。

　　巴豆树的毒性正是来源于它的种子巴豆。中国植物图谱数据库记载:"巴豆,辛,热,有毒。入胃、大肠经。其毒性为全株有毒,种子毒性大……人服巴豆油20滴可致死。接触巴豆可引起急性皮炎及全身症状。"

原来,正是巴豆中的巴豆树脂,也就是巴豆醇、甲酸、丁酸及巴豆油酸结合而成的酯,导致它强烈的致泻作用。此外,它还含有毒性球蛋白(巴豆毒素)、巴豆甙、蓖麻碱等致毒物。所含巴豆毒素系原浆毒,能溶解红细胞,并使局部细胞坏死,引起发赤、起泡和炎症。给狗灌喂巴豆8~16粒可致死,亦有人服巴豆油1克中毒至死的报道。

其实,巴豆还是一味中药,能泻寒积、通关窍、逐痰、行水、杀虫,治冷积凝滞、胸腹胀满急痛、血瘕、痰癖、泻痢、水肿、喉风、喉痹、恶疮疥癣等症,不过由于它强烈的"瘦身"功效,医药上常持谨慎的态度。

◎ 巴豆树

奇怪的是,巴豆虽然对人有"瘦身"的功效,对某些动物却有"增肥"的奇效。古书记载,巴豆又名"肥鼠子",是老鼠最喜爱的一种食物,往往越吃越肥,于是古人利用它与狼毒八步配制成剧毒鼠药,老鼠贪吃,便会送命。

现在科学也曾有相关实验,以巴豆液喂饲小鼠、兔、山羊、鸭、鹅等动物皆无反应;牛食之过量,则会发生腹泻、食欲不振及疲乏等现象,但不至中毒死亡。对青蛙亦无害,但对鱼、虾、田螺及蚯蚓等则有毒杀作用。老鼠皮肤长期与巴豆油接触,可致乳头状瘤及癌。或许,古人所称的"肥鼠子",不是老鼠长了膘,而是老鼠患了癌,正全身"肥肿"哩!

巴豆中毒后如何解毒呢?《本草纲目》(卷四)收载可解巴豆毒的药物很多,包括黄连汁、菖蒲汁、甘草汁、葛根汁、白药子、黑豆汁、生藿汁、芦荟、冷水、寒水石等。

虎刺梅：两面三刀促癌花

虎刺梅是一种美丽的植物，原产于马达加斯加。十几年前，它还是广受欢迎的室内植物，在热带地区，广泛种植于庭园。

虽然它没有杜鹃花那样灿烂似锦，也没有水仙那样纯洁高雅，更比不上牡丹的艳丽富贵，却以枝头上粉嫩的小花蕾撩动人的心扉。在百花凋零的冬季，只有虎刺梅凌寒挺立，几朵艳红的小花傲然绽放，愈显得风姿绰约。它铁灰色的虬枝，坚硬得像利斧削成，尖硬的针刺布满了枝干，一副凛然不可侵犯的英雄形象！于是，人们爱它，欣赏它，对它心驰神往。

谁知，有着美丽外表的虎刺梅竟会带给人类灾难呢！

虎刺梅属大戟科大戟属植物，与光棍树、一品红、变叶木、霸王鞭、大戟、泽漆、甘遂、狼毒、续随子等有毒植物同属一类。大戟属植物的共同特点是，为了保护自己，树体受伤后，伤口处会分泌出白色的汁液，这类汁液含有特殊结构的二萜类化合物，对人、动物及昆虫都有杀伤作用。人若接触到虎刺梅分泌出的白色汁液，会造成皮肤、黏膜发痒红肿，误食则会引起恶心、呕吐、下泻、

◎ 虎刺梅

头晕等症状。

研究发现，虎刺梅浑身上下都带毒，会释放出刺激性的难闻气味，种过此类植物的土壤也被检测出含有致癌病毒和化学致癌物的激活物质。据专家介绍，虎刺梅等促癌植物中含有"Epsteln- Barr 病毒早期抗原诱导物"，可以诱导 EB 病毒对淋巴细胞的转化，并能促进由肿瘤病毒或化学致癌物质引起的肿瘤生长，是 52 种促癌植物之一。促癌植物诱发鼻咽癌和食管癌的实验已得到证实。

旧时研究发现，虎刺梅的茎、花、枝叶性凉，味苦，可入药，有拔毒泻火、凉血止血之功效。但自从发现它有致癌的"邪功"后，人们对它已敬而远之。

乌桕：浑身是宝的促癌树

乌桕又称乌臼、鸦臼，因乌鸦喜食它的种子而得名。别名又叫乌桕、桊子树、桕树、木蜡树等，为大戟科乌桕属落叶乔木，是我国特有的经济树种，至今已有 1 400 多年的栽培历史。黄河以南，北达陕西、甘肃，几乎都能见到它的身影。乌桕全身是宝，种子可提制皮油，制作高级香皂、蜡纸、蜡烛、油漆、油墨，木材可用于车辆、家具和雕刻，叶为黑色染料可染衣物，根皮可治毒蛇咬伤、利尿、通便等，因而被广泛引种栽培。我国湖北大悟县还将该树种发展为乡土树种。

乌桕除了具有极高的经济价值，还是一种极具观赏价值的行道树。乌桕树冠整齐，树冠高达 15 米，叶形秀丽，深秋时节，叶子由绿变紫、变红，十分美观，有"乌桕赤于枫，园林二月中"之赞名。宋代林和清也有诗赞它："巾子峰头乌桕树，微霜未落已先红。"若与亭廊、花墙、山石等相配，也甚协调。五月开细黄白花，叶落籽出，露出串串珍珠，这就是木籽。籽实初青，成熟时变黑，外壳自行炸裂剥落，露出葡萄大白色籽实。冬日，白色的乌桕籽挂满枝头，经久不凋，极为美观，古人就有"偶看桕树梢头白，疑是江海小着花"的诗句。

令人难以置信的是，乌桕也是52种促癌植物之一。乌桕除促癌外，它的木材、汁液、叶及果实均有毒，为中国植物图谱数据库收录的有毒植物，中毒报道较多。误食乌桕，会出现腹痛、腹泻、腹鸣、头昏、四肢及口唇麻木、耳鸣、心慌、面色苍白、四肢厥冷等症状。接触汁液，还可引起皮肤刺激、糜烂。叶片中的剧毒，常用作农药杀虫。

不过，专家也指出，只要平时在生产生活中多加注意，不接触乌桕分泌的白色汁液，不食用它的籽实，一般是不会中毒的。

◎ 乌桕

52种促癌植物：从1982年起，中国疾病预防控制中心病毒所曾毅院士和一些科研人员对一些植物所含物质的促癌作用进行了系统研究，共在1693种植物中发现52种含有促癌物质。这些植物大多属大戟科和瑞香科，其中铁海棠、变叶木、乌桕、红背桂花、油桐、金果榄等一些市民家中及公园里常见的观赏性花木均含有促癌物质，这些植物往往会诱发鼻咽癌等一系列病症。52种促癌植物包括：(1)大戟科，如石栗、变叶木、细叶变叶木、蜂腰榕、石山巴豆、毛果巴豆、巴豆、麒麟冠、猫眼草、泽漆、甘遂、续随子、高山积雪、铁海棠、千根草、红背桂花、鸡尾木、多裂麻疯树、红雀珊瑚、山乌桕、乌桕、圆叶乌桕、油桐、木油桐、火殃勒；瑞香科，如芫花、结香、狼毒、黄芫花、了哥王、土沉香、细轴芫花等；(2)豆科，如苏木、广金钱草等；(3)茜草科，如红芽大戟、猪殃殃等；(4)马鞭草科，如黄毛豆腐柴、假连翘等；(5)鸢尾科，如射干、鸢尾等；(6)中国蕨科，如银粉背蕨；(7)毛茛科，如黄花铁线莲；(8)防己科，如金果榄；(9)茄科，如曼陀罗；(10)黑三棱科，如三棱；(11)凤仙花科，如红凤仙花；(12)菊科，如剪刀股；(13)忍冬科，如坚荚树；(14)猕猴桃科，如阔叶猕猴桃；(15)胡椒科，如海南蒌；(16)蔷薇科，如苦杏仁；(17)苋科，如怀牛膝。

槟榔树："嚼"出来的癌症

海滩上，一大排树在风中摇曳着两米长的羽状叶，就像一片片绿色的羽毛在风中飞扬。"哇！椰子！"也许你会惊讶地大叫，细看，才知道错了。原来，它们不是椰子树，而是长得跟椰子有几分相似的槟榔树。海风中，这些槟榔树慢摇着它们曼妙的身姿,似乎在欢迎远道而来的客人。

海南人经常用它的种子——槟榔果招待客人,还给槟榔果取了个好听的名字"敬客果"。"盆上槟榔要上客"是海南人常挂在嘴边的一句话。多年前,贬居海南岛的苏东坡曾撰文描述海南黎家少女口含槟榔头插茉莉花的情景。今天,万宁、陵水以及五指山区的黎族同胞,依然把槟榔果作为美好和友谊的象征。客人登门,主人首先捧出槟榔果招待,即使不会嚼槟榔的人,也得吃上一口表示回敬。逢年过节,家家户户都备有槟榔果,以款待来拜年的贵客亲朋。

湖南、广东有些地区的人也会嚼槟榔。吃槟榔是世界上不少国家古老的风俗之一,据文献记载,泰国北部早在 8 000 年前已有槟榔树的存在。

台湾省嚼槟榔风气最盛。据保守估计,台湾每年花钱买槟榔的钱超过台币 1 千亿,种植槟榔的农户则达 7 万户,有 2 百万人以槟榔为生,他们把槟榔当成是台湾"绿宝石"。

据称,嚼槟榔可防龋齿,健脾开胃,令精神舒畅,有治水肿、杀虫之功效,因为口感甜甜的、醉醉的,因而越嚼越上瘾。那么,事实果真如此吗?

2003 年,世界卫生组织一纸鉴定,震惊了世人:槟榔为一级促癌物。原来,在槟榔中含大量槟榔素、生物碱,它们具有细胞毒性,可让口腔黏膜与它们发生反应,从而导致口腔黏膜纤维化,让人张口困难、麻木并发生溃疡。世界卫生组织在对印度、巴布亚新几内亚、所罗门等地的上百篇槟榔研究报告进行的研讨数据显示:世界槟榔消耗量最大国印度有 33% 的人咀嚼槟榔,因此印度口腔癌的发病率居世界第一位;巴布亚新几内亚接近 60% 的居民咀嚼槟榔,故该国口腔癌的发病率位居世界第二位;所罗门岛居民咀嚼槟榔比例亦较高,所罗门岛口腔癌比率居世界第三位;在嚼槟榔盛行的我国台湾口腔癌发病率也很高, 其中每 10 万男性居民中就有 27.4 例口腔癌患者。

　　槟榔树树干不分枝,外形似椰树,高达 12~15 米。顶上的叶子像蕉叶笋竿,每年 3 月时叶子凸起一房,自行裂开,出穗共数百颗,大如桃李。穗下长满了刺,用以保卫果实。

　　槟榔树的果实比鸡蛋略小,果皮纤维质,内含一粒种子,即槟榔种子。胚乳坚硬,有灰褐色斑点。食用前,去皮,煮沸,切成薄片晒干,就成了人们的"嚼品"。

　　它不但能促癌,由于槟榔果汁呈紫红色,长期咀嚼,还会导致牙齿变黑。因而,跟戒烟一样,戒除槟榔瘾已迫在眉睫!

◎ 槟榔果实

镜头三

致幻植物

什么能让人产生幻觉?实验证明,不少幻觉的产生是由植物引起的。小美牛肝菌可让人看到"小人",迷幻蘑菇可让人一会儿哭一会儿笑,死藤可让人看到半人半兽的"神灵"……

曼陀罗：令人神思恍惚的"地狱铃铛"

所谓幻觉，是指一种比较严重的知觉障碍，眼前根本没事情发生，却出现一种虚幻的假象。由于其感受常常逼真生动，可引起幻觉人的愤怒、忧伤、惊恐、逃避乃至攻击别人。

自然界便有一些植物，人或牲畜误食后，会引起神经功能紊乱，产生幻觉，或麻木，沉睡于酣梦之中；或迷幻，进入一个离奇古怪的幻觉世界。这种使人致幻的植物，被科学家称为"致幻植物"。

曼陀罗是致幻植物中名气最大、传说最广的植物之一。在古典小说《水浒传》中，母夜叉孙二娘开黑店常用的"迷魂药"，据说就添加了神秘的曼陀罗。

曼陀罗又叫曼荼罗、醉心花、狗核桃、洋金花等，原产于印度，多野生在田间、沟旁、道边、河岸、山坡等地。曼陀罗的植株形态因地域而变化，在热带为木本或半木本植物，在温带地区为一年生直立草本植物。它长相奇特，开长长的喇叭形花朵，果实长满硬刺，因此被中南美洲的印第安人称为仙果。印第安人乐于从这种仙果中得到因幻觉而生的快乐。同时，曼陀罗还是欧洲众多国家和阿拉伯国家认为的"万能神药"，除作外科手术的麻醉剂和止痛剂外，还用作春药以及治疗癫痫、蛇伤、狂犬病等。

在欧洲，曼陀罗常用于神秘仪式中。美洲土著将此类植物用于宗教仪式。印度教的苦行士们将其与印度大麻一起放入传统烟管中吸食。吸食后几天内，人会精神恍惚，产生幻觉，和根本不在眼前的人说话等等。在药效作用下，服用者即使能被唤醒，也不能回到现实状态中来。

在西方的传说中,曼陀罗一直被赋予恐怖的色彩。因为曼陀罗盘根错节的根部类似人形,中世纪时西方人对模样奇特的曼陀罗多加揣想,当时传说当曼陀罗被连根挖起时,会尖叫,而听到尖叫声的人非死即疯。在日本动漫片《圣斗士星矢之冥王神话》中,曼陀罗为冥斗士的冥衣称号。传说这朵曼陀罗花生长于断头台下,当它被人连根拔起时,所发出的尖叫声会令在场所有生物死亡。在西方,曼陀罗花的解语是诈情、骗爱、不可预知的死亡和爱。相传在古老的西班牙,曼陀罗似冷漠的观望者,常盛开于刑场附近。据说,千万人之中才会有一个人能有机会看见曼陀罗花开,所以但凡遇见花开之人,她的最爱就会死于非命。

◎ 曼陀罗

传说,曼陀罗又称"情花",是沙漠中生长的被诅咒的花朵。在大漠中,没有一个找到曼陀罗的人能够安然离开。它清丽,枝叶妖娆,暗藏剧毒。

关于曼陀罗中毒的报道较多,一般在食后半小时,最快 20 分钟出现症状,最迟不超过 3 小时。中毒剂量因毒性进入途径、食用者年龄及健康状况而异。成人食果三枚即可中毒;儿童较敏感,只要食用种子三四粒即可中毒,多为急性发病。儿童中毒亦有嗜睡现象。外敷曼陀罗叶也能引起急性全身性中毒,症状与口服相同,出现症状时间较口服者快。中毒后,表现为口干,吞咽困难,声音嘶哑,共济失调或出现阵发性抽搐及痉挛等。此外,还伴有体温升高、便秘、散瞳及膝反射亢进。以上症状多在 24 小时内消失或基本消失,严重者在 12~24 小时后进入昏睡、痉挛、紫绀,最后昏迷死亡。

曼陀罗为什么会使人产生幻觉呢?原来,它的体内含有莨菪碱、阿托品及东莨菪碱,能干扰人体正常的神经传导功能，使人产生幻觉。在人的大脑和神经组织中，本来存在着许多传递信息的物质，如乙酰胆碱等，这些神经媒介像信使一般，忠实地履行正常传递信息的功能，担负着调节神经系统正常活动的重要使命。但是，现在有了上述这些物质，人体所有的神经功能都被扰乱了。

作为麻醉药，如今我国一些植物园也会种植曼陀罗。当你目睹了它娇美的花朵和长满硬刺的果实后，千万别"以身试魔"哦，小心会出现"游客也疯狂"的场面！

· 小贴士 ·

让有毒植物也能变身为治病良药：有毒植物也可以变成救死扶伤的良药，被应用到医疗领域。例如曼陀罗曾是杀手常用的毒药，但现在也被医生用于治疗癫痫。蓖麻子可以与紫杉醇合成一种化疗药物，也可与环孢素合成一种免疫抑制药剂，还可以用来治疗局部皮肤溃疡。早在1902年，人们就开始从颠茄中提炼东莨菪碱，并将它与吗啡混合，用于分娩止痛。从金鸡纳树皮上提取的奎宁长期以来一直用于治疗疟疾和体内寄生虫。相思子可用来治疗痈疮、腮腺炎、疥癣、风湿骨痛等。

小美牛肝菌："小人"爬到头上来

许多野生菌味道鲜美，营养丰富，还对治疗某些慢性病有独特的疗效。但是，野生菌家族中有许多有毒品种也是致幻植物，轻者让人狂笑、疯癫、幻觉，重者则含有使肝肾坏死、呼吸和循环麻痹的剧毒，是取人性命的"杀手"。如小美牛肝菌和华丽牛肝菌便是这类植物，误食者会产生幻觉，感觉进入了"小人国"。

小美牛肝菌又称黄见手、风手青、粉盖牛肝菌、华美牛肝菌，为伞菌目牛肝菌科牛肝菌属，它的子实体较大，菌盖浅粉肉桂色至浅土黄色，直径8~16厘米，扁

◎ 小美牛肝菌

半球形至扁平，具绒毛。菌肉受伤处变蓝色。菌柄长4.5~11厘米，粗1.8~4厘米，菌柄具网纹，上部黄色，下基部近似盖色。孢子浅黄色，近梭形，光滑，管侧囊体梭形至长纺锤形，夏秋季在混交林地上分散或成群生长，分布于我国江苏、云南、四川、贵州、西藏、广东、广西等地。

小美牛肝菌是一种美味，在我国西南地区普遍食用。但是，如果食入量过多或食用方式不当，则会引发"小人国幻视症"。食用者一般6至24小时发作，短的1至2小时甚至10余分钟就发病，患者感觉像进入了小人国，到处皆是不及一尺高的小人，他们面目各异，穿红着绿，性格活泼，极为调皮，不断挑衅、围攻病人，对病人纠缠不休，病人身陷其中，十分烦恼，对小人多表现出指责、驱赶。严重者还会表现为精神分裂症、痴呆或木僵。一般随着毒性的减弱，症状也会慢慢减轻，直至恢复正常，很少有后遗症。

跟小美牛肝菌一样，华丽牛肝菌也会让人产生"视物显小幻觉症"。当人们进入幻觉状态后，便会看到四周有一些高度不足一尺的小人，他们摆刀弄枪，上蹿下跳，时而从四面八方蜂拥而来，时而又逃得无影无踪。吃饭时，这些小人争吃抢喝；走路时，有的小人抱住病人的腿脚，有的小人爬到病人的头顶，使患者陷于极度恐惧之中。

迷幻蘑菇：牛粪上安家的"哭笑菇"

在墨西哥、巴西、古巴、美国、加拿大、英国、德国等国，有一种被称为"神圣的蘑菇"或"迷幻蘑菇"的裸盖菇，它有着白色的菌盖和菌柄，常在日久发白的牛粪堆上"安家"。

奇特的是，这种蘑菇是一种"哭笑菇"，内含裸盖菇素，它能让食入者神经麻痹出现幻觉，一会儿哭，一会儿笑。初食时，会出现恶心、肌肉无力、昏睡、瞳孔放大、流汗、动作不协调、焦躁不安等症状，过一会儿，食用者就会产生时间长达6小时的幻觉，眼前的世界变得光怪陆离、旋转变幻。

经迷幻蘑菇提取的粉末属国际禁止的二级毒品，内含国际禁止的化学物质二甲四羟色胺和二甲四羟色胺磷。服食1盎司粉末，即可让人瞳孔缩小、视力模糊、出现幻觉幻听等症状。如服食1.5盎司粉末，整个人即变得轻飘飘起来，仿佛灵魂出窍，脉搏跳动变慢。服食2盎司粉末，则出现呕吐、腹泻、大量流汗、分泌物增多、血压下降、气管痉挛收缩、哮喘、急性肾衰竭、休克等症状，最后或因败血症猝死。

迷幻蘑菇通常成簇地生长在草食动物的粪便上。它们的样子十分精致,颜色五彩缤纷,从黯淡的乳黄色到红褐色都有。如果菌肉受伤,伤口会变成墨绿色。它们不喜阳光,即便

◎ 迷幻蘑菇

弄一些牛粪放在阴暗处的盒子里,也能快快乐乐地生长! 与普通蘑菇相比,它们的茎比较粗,顶部尖尖的,很细很小。

美国科学家发现,将迷幻蘑菇应用于医学,可以治疗精神分裂症。大剂量摄入这种蘑菇,可以解除精神病人的困扰,促使抑郁症得到缓解。裸盖菇素还可用于晚期癌症病人的临终关怀,对于改善病人心情、减少病人焦虑情绪效果明显。

毒蝇伞:让猫害怕老鼠的"神蘑菇"

蘑菇家族中有一种"神蘑菇",这种"神蘑菇"名叫毒蝇伞,又称毒蝇鹅膏菌、蛤蟆菌。

传说,毒蝇伞在印第安人的宗教仪式中占据重要地位,在唱颂歌时,人

◎ 毒蝇伞

们要在祭司的指导下进食"神蘑菇",用不了多久,进食者就会出现各种幻觉,如眼前出现庄严华美的宫殿、绚丽缤纷的花园、变幻莫测的湖光山色等,让人仿佛脱离了尘世,遨游在极乐天国。医学上,把毒蝇伞这种放大幻觉的现象称为"视物显大性幻觉症"。

原来,毒蝇伞体内包含有蝇蕈素和鹅膏蕈氨酸,这两种物质都是能刺激神经的物质,它们能让大到老人、小到婴儿的人产生幻觉,甚至连猫、狗等动物也不放过。在成人当中,每6毫克的蝇蕈素和30~60毫克的鹅膏蕈氨酸都可以让人致幻。

其实,毒蝇伞的毒性有效成分能溶于水,科学家研究,只要将毒蝇伞加水煮沸,并且把煮过的水丢弃,毒蝇伞就可以变成一种美味供人食用。

毒蝇伞为担子菌纲伞菌纲伞菌目,原生于欧洲大陆、亚洲及北非等地,喜欢和落叶型植物和结毬果的植物形成菌根。它有一个大的白色菌褶、白色斑点,菇体通常呈深红色。瑞士称毒蝇伞为"邪恶的帽子";中国称它为"蛤蟆菌";日本则称之为"长鼻子的小妖精"。

毒蝇伞从土里冒出来时,很像一颗白色的蛋,圆圆的,白白的,长着一颗光秃秃的小脑袋。用刀划开,会在盖膜下面发现它有淡黄色的表皮层,很容易识别。

当毒蝇伞长大时,菌伞变成了红色,蕈伞则从球状变成半球状,之后逐渐变得扁平,直至彻底变得平坦,明亮的红色蕈伞直径可达 8~20 厘米,此后红色开始褪去,最后腐烂。

具有红白相间斑点的毒蝇伞造型常被运用到大众文化中,像是动画片、书籍、电影、电脑、游戏等,有时还出现在全球的圣诞卡或新年贺卡上,它代表着好运。

◎ 文艺复兴时期绘画中的毒蝇伞

狗屎苔:叫人狂笑不止的笑菌

夏天,在一些环境幽深的户外、庭园里,常会发现一些可爱的菇类。也许是慑于艳阳的威力,它们常躲在树丛下或偏僻的角落里默默生长。毛头鬼伞就是其中的一种。

毛头鬼伞又名鸡腿菇,顾名思义,它的外观很像一只鸡腿,下面是瘦长的柄,上头顶着椭圆、白色未张开的菌伞,至于"毛头",则指菌伞外面覆有白色的鳞片,通常数只聚生在一起,有高有低,高的可达十多厘米。

◎ 狗屎苔

鬼伞属有一个共同的特性，即自溶现象，毛头鬼伞也不例外。毛头鬼伞的菌伞在还未张开时，边缘就已开始渐渐变黑，然后溶解成汁液，再滴到土里，最后只剩菌柄像破雨伞般挺立在地上。有学者解释这是散布孢子的一种方法，因为孢子会随着汁液流到远处。毛头鬼伞有的无毒，可以食用，但需摘取幼小白色的个体煮食，已出现黑色的就是过熟了，摘下来要趁新鲜快点食用。但有的毛头鬼伞却有毒，比如狗屎苔就是一种致幻植物，误食它后，会让人大笑不止。

毛头鬼伞属的狗屎苔，又称笑菌。假如你在潮湿的草地上发现有白色的小蘑菇看上去就像一坨坨狗屎，那极有可能就是狗屎苔。它们一般子实体较小，菌盖小，半球形至钟形。菌盖直径3厘米左右，烟灰色至褐色，顶部蛋壳色或稍深，有皱纹或裂纹，干时有光泽，边缘附有菌幕残片，后期残片往往消失。菌肉乳白色，菌褶稍密，直生，不等长，灰色，常因孢子不均匀成熟或脱落，出现黑灰相间的花斑。菌柄长可达16厘米，直径0.2~0.6厘米，上部有白色粉末，下部浅紫，内部空心。孢子光滑，黑色，柠檬形。食用者中毒后发病较快，主要表现为精神异常、跳舞唱歌、狂笑、产生幻视，有的昏睡或讲话困难。

狗屎苔一般生长在粪堆上，由于人们误食后会手舞足蹈，所以又有人叫它"舞菌"。这种菌在我国古代书籍中就有记载。《清异录》中说："菌有一种，食之人干笑者，士人戏称为'笑手矣'。"在日本的古书中，还记载着一个有关"舞菌"的故事：有几个迷了路的樵夫，看到一群尼姑在不停地跳舞，姿态十分好笑；又见到路旁有些煮熟的蘑菇，因各个饥肠辘辘，便美美饱食了一顿，结果他们也不由自主地加入了乱舞的行列，几个小时后才清醒过来。宋代叶梦得《避暑录话》卷上也载："四明温台间，山谷多产菌，然种类不一，食之间有中毒者。有僧教掘地以冷水搅之令浊，少顷取饮，皆得全活。其方自见《本草》，陶隐居注谓之'地浆'。亦治枫树菌，食之笑不止，俗言笑菌者。"

　　像小美牛肝菌、裸盖菇、狗屎苔这类可引起幻觉的毒蘑菇，大自然中已发现的有 60 多种，其中常见的种类有豹斑毒伞、毒蝇伞、小蝇毒伞、裂丝盖伞、黄丝盖伞、花褶伞、古巴光盖伞、橘黄裸伞、红网牛肝菌等。中毒症状可以分为神经兴奋、神经抑制、精神错乱及各种幻觉反应。这些症状或在发病过程中交替出现，或仅有部分反应。引起神经精神型中毒的毒素有很多种，发现最早的是毒蝇碱，它的化学性质与胆碱相似，具有拮抗阿托品的作用，毒理作用类似毛果芸香碱，主要使副交感神经系统兴奋、心率减慢、血压降低、肠胃平滑肌蠕动增快，从而引起呕吐，又使汗腺、泪腺、唾液腺、胰脏、胆汁及各种黏液的分泌增多。

　　食用菌种类毒蝇碱最早发现于毒蝇伞中，在白霜杯伞、毒杯伞、裂丝盖伞等毒菌中也有发现。误食含毒蝇碱的毒菌，中毒潜伏期较短，一般在食后 10 分钟至 6 小时内发病，出现大汗、发热、流涎、流泪或发冷、心跳减慢、血压降低、瞳孔缩小、眼花、视力减弱甚至模糊不清等症状，严重者谵语、抽搐、昏迷或木僵，一般病程短，易恢复，极少有后遗症。

· 小贴士 ·

毒蘑菇：我国约有 180 种毒蘑菇，其中可致人死亡的至少有 30 种，常见的有毒鹅膏菌、褐鳞小伞、肉褐鳞小伞、白毒伞、鳞柄白毒伞、毒蝇伞、残托斑毒伞、毒粉褶草、秋生盔孢伞、包脚黑褶伞、鹿花菌等。识别毒蘑菇有以下方法：一看形状。毒蘑菇一般比较黏滑，菌盖上常沾些杂物或生长一些像补丁状的斑块，菌柄上常有菌环（像穿了超短裙一样）；而无毒蘑菇很少有菌环。二观颜色。毒蘑菇多呈金黄、粉红、白、黑、绿；无毒蘑菇多为咖啡、淡紫或灰红色。三闻气味。蘑菇有土豆或萝卜味；无毒蘑菇为苦杏或水果味。四看分泌物。将采摘的新鲜野蘑菇撕断，无毒的分泌物清亮如水，个别为白色，菌面撕断处不变色；有毒的分泌物稠浓，呈赤褐色，撕断处在空气

苦艾与肉豆蔻：毒死梵高的"恶魔之灵"

　　文森特·威廉·梵高（1853~1890），荷兰后印象派画家，他是表现主义的先驱，并深深影响了 20 世纪艺术，尤其是野兽派与表现主义。梵高的作品如《星夜》《向日葵》与《有乌鸦的麦田》等，现已跻身于全球最著名的艺术作品行列。1890 年 7 月 29 日，梵高因精神疾病的困扰，在美丽的法国瓦兹河畔一片麦田里用手枪结束了生命，时年 37 岁。

　　到底是什么精神困扰让梵高选择离开人世的？美国堪萨斯大学阿诺尔德教授分析了他晚年的书信和有关记录，发现致他精神苦闷的原因之一竟是"苦艾酒"。梵高晚年常饮苦艾酒，这种碧绿透明、闻之有怪味、尝之味道特别苦的酒，每每令梵高产生一种特

别兴奋的感觉,但久而久之,就陷入幻觉、苦闷、对未来失去信念的情绪中,消极、颓废、自暴自弃。

苦艾酒于1789年由一位法国医生博士发明,含有苦艾、肉豆蔻等药草成分,被当时的法国人称为"恶魔之灵"。让人致幻的毒物正是苦艾中的苦艾脑以及肉豆蔻中的肉豆蔻醚,它们跟大麻中的致幻物质一样,有令人兴奋及致幻作用。

苦艾别名洋艾、苦艾、苦蒿、啤酒蒿等,为菊科苦蒿属植物,主要分布于欧洲、克什米尔、非洲、阿富汗、伊朗、俄罗斯、北美洲、印度、巴基斯坦以及我国新疆等地,一般喜在海拔1 100米至1 500米的山坡、林地、野果林、草原及灌丛地带藏身,均是野生,目前尚无人工引种栽培。植株有茎单生的,也有2~3枚分岔的,均直立生长,高60~160厘米,有纵棱,上面密被灰白色短柔毛。分枝长10~20厘米,斜向上生长,叶纸质化,叶两面幼时密被黄白色或灰黄色稍带绢质的短柔毛,后来毛渐稀疏。

◎ 肉豆蔻

肉豆蔻为肉豆蔻科常绿乔木植物,又名肉蔻、肉果、玉果等,主产于马来西亚、印度尼西亚等国,我国广东、广西、云南有栽培。该种为热带著名的香料和药用植物,其种仁入药,可治虚泻冷痢、脘腹冷痛、呕吐等;外用可作寄生虫驱除剂,治疗风湿痛等。此外,还可作调味品、工业用油原

料等,为小乔木。幼枝细长,叶近革质,椭圆形或椭圆状披针形,先端短渐尖,基部宽楔形或近圆形,两面无毛;果通常单生,具短柄。误食从肉豆蔻油中分离出的肉豆蔻醚能致人中毒,产生如浮动、飞行、手足离体等幻觉。据说,非洲的土人很爱随身携带这种肉豆蔻的果实,每当身体患病或精神痛苦时,便服食少许,很快就会进入美妙梦境,而忘却了自身的痛苦。如服用过量,则会产生昏迷现象。

作为有两种致幻植物齐聚一体的苦艾酒,曾被一位法国评论家如此评论:"苦艾酒使你疯狂,诱惑你犯罪,引发癫痫、结核病。它使成千上万的法国人葬送生命。它将男人变成凶猛的野兽,将女人变成悲惨的牺牲者,将小孩变成败类,它破坏家庭,毁灭幸福,威胁整个国家的未来。"

由此,苦艾酒常被描绘成一种危险的容易上瘾的精神药物,被指含有毒副作用。

据报道,1905 年 3 月,瑞士的一位农民喝了苦艾酒后谋杀了他的家人,并试图自杀。这桩谋杀案引发了一个争论激烈的话题,接着,先后有 82 000 名瑞士人在"取缔苦艾酒请愿书"上签名。1908 年 7 月 5 日,瑞士举行全民公决,一致通过取缔苦艾酒的法令,并被写入瑞士宪法。

之后,比利时和巴西也禁止了苦艾酒的销售和流通,刚果、荷兰、美国、法国等也纷纷订立取缔苦艾酒的法规。

遗憾的是,近代欧盟食品和饮料的相关法律取消了对苦艾酒生产和销售的限制,苦艾酒又回到人们的生活中。

乌羽玉仙人球:神奇的致幻"魔球"

在墨西哥北部和美国西南部两国交界的格兰德河谷荒漠上,常可见到一种生长茂盛的无刺仙人球。它像橙子一样大小,灰绿色球形茎顶部的小芽苞上长有许多鸟羽状的软毛。盛夏时,球顶中央还会开出一朵粉红色的漏斗状小花,煞是好看。同时,球形茎又裂开成七个"花瓣",看上去像一顶僧帽,因而当地人叫它"僧帽拳"。

其实,这种植物是一种仙人掌科乌羽玉属植物,名叫乌羽玉仙人球。它体材娇小,不过4~5厘米高,远远望去,暗绿色的植株宛如一只乌鱼,因而又被一些花卉爱好者称为"乌鱼"。别看它地上部分形似"袖珍人",地下部位却像"巨人",具有一条长达10厘米、粗壮如胡萝卜的直根。因此,你如想将它据为己有,从野外移到室内,是难以一下子连根将它从地下拔起的。

乌羽玉仙人球比较重"亲情",年龄大后喜欢与"兄弟们"住在一起,呈丛生状。"子女"一旦降生,一般只需三年时间就可以由种子长成、开花。它还有一种自疗的功能,若地上部位受到伤害,伤口会很快愈合,并且与根部形成一段抗病层,防止根部腐烂。但是,如果全株收割,整棵乌羽玉都会死掉。现在,在墨西哥得克萨斯州,由于过度收割,乌羽玉

◎ 乌羽玉仙人球

已被州政府列为濒危物种，保护乌羽玉迫在眉睫。

乌羽玉仙人球还是一道美味，冠部不仅可以直接咀嚼，还可将其用水煮沸制成茶。

有趣的是，在乌羽玉的故乡，这种相貌平平的小型仙人球，地位却极为显赫，被视为神圣的"魔球"，这是因为乌羽玉有一种神奇的致幻功能。

饮用乌羽玉的嫩茎或嫩芽苞炮制的茶后，起初因味苦会稍感恶心，紧接着却有飘飘欲仙的感觉。服下乌羽玉茶后，食用者会见到种种难以描述的光怪陆离的景象，这种白日梦般的幻觉大约能持续半天左右，并且食用者会对自己的"所见所闻"深信不疑。

药理学家赫佛特曾用一枚小小的乌羽玉泡茶，后来记录下了自己的感受：初感恶心头痛，三小时后觉得书本上的色彩发生了变化，出现了五颜六色的景象，若闭上眼睛仍感到五彩条纹在眼前缭绕，大约四小时后，便完全丧失了时间意识。

英国作家兼医生埃利斯吃了乌羽玉后，则看到了一片璀璨夺目的宝石，过了一会儿宝石变成了鲜花，不久又变成了彩蝶。

是什么物质让乌羽玉仙人球有这种神奇的致幻功能呢？1896年，科学家从它的体内分离出了一种叫墨司卡林的生物碱，正是这种生物碱让人产生幻觉。如果服用这种生物碱提取物，会产生跟吃乌羽玉一样的致幻现象。食用200~500毫克的纯净墨司卡林，就会使人心跳加快，体温和血压升高，同时还伴随皮肤发痒、干燥等症状。服用墨司卡林2~3个小时后，会达到药效的高潮，12个小时后药效消失。

墨司卡林也是一种毒品，跟其他许多致幻剂一样，食用后产生的幻觉有时是一些令人愉快和光明的景物，有时是让人焦躁不安的，还会产生一些诸如头晕目眩、恶心腹泻的副作用。它常常让食用者精神错乱，甚至产生暴力行为。

现代墨西哥人种植乌羽玉仙人球，主要是用于医药用途。乌羽玉有治疗牙痛、分娩疼痛、发热、胸痛、皮肤病、风湿、糖尿病、感冒及失明的功效。美国药房标示乌羽玉可以治疗神经衰弱、歇斯底里及哮喘。乌羽玉抽取物具有抑制微生物的作用，可以对抗对青霉素产生抗药性的金黄色葡萄球菌菌株等。

天仙子：女巫最爱的假仙子

在中南美洲的丛林中，有不少曼陀罗、颠茄、迷幻蘑菇等致幻植物，常被药剂师制成粉末，以高价卖到欧洲去。其中一种叫莨菪的致幻植物，更是女巫们的至爱。莨菪的种子天仙子含有莨菪碱，又称天仙子碱，能强烈地干扰人体中枢神经系统，使人神志昏迷，产生幻觉。女巫把天仙子粉搅拌成糊状，搽在受骗者的全身。在药物的作用下，受骗者的头脑开始恍惚，眼前出现天仙、怪兽等种种不可思议的幻象。清醒后，女巫要他们把幻象说给人们听，并把天仙子说成是在深山中修来的仙药，以此骗取巨额钱财，自己因此也受到不知情的土著人的敬畏。

莨菪属茄科天仙子属二年生草本植物，生长在海拔 1 700~2 600 米的山坡、林地和路边，欧洲、亚洲和美洲各地均有分布，我国则主产于内蒙古、河北、河南及东北、西北诸地。它长得娇小玲珑，高 15~70 厘米，全株被黏性腺毛，像一个刚出生不久的小娇娃。它的根胖胖的、肉肉的，十分可爱。叶片长卵形，开淡黄绿色的花，花基带紫色，变幻的色彩为它更添一分妩媚。花萼呈筒状，像一口小钟，花药深紫色，叫人喜爱。而它的种子天仙子圆圆的，淡黄棕色，上面密布一层网纹，就像一粒做工精巧的手工艺品，让人爱不释手。谁会想到，这样一位可人"仙子"竟内藏邪恶呢？

莨菪的叶、根、花、枝、种子皆有毒。如误食它的根、叶、花、枝，会引发腹

◎ 莨菪

痛、头晕、血压下降、昏迷等症状。2007 年 4 月，新疆一位三口之家就因误食莨菪而中毒，一名 13 岁的少年经抢救无效死亡。

莨菪的种子天仙子苦、寒，含莨菪碱，有剧毒，一般服用 10 毫克即可中毒，80 毫克可致死。食用 30~60 分钟后，即出现口干、皮肤黏膜干燥、潮红等症，继之头晕、头痛、血压下降等，中毒严重者多因呼吸中枢麻痹而死亡。

虽然莨菪碱有止痛解痉功能，对坐骨神经痛有较好疗效，同时对癫痫、风痹厥痛、久咳不止、长期水泻、赤白痢等症也有疗效，由于它的毒素，往往很少用于医学上。

不过，天仙子体内的另一物质东莨菪碱倒是为人类作出了贡献，它能用于抑制吗啡成瘾，因为东莨菪碱戒毒无痛苦、不成瘾、高效、速效，因而常被用来戒毒。

小韶子：冒充桂圆的"疯人果"

小韶子别名野荔枝，植株和果实既像荔枝又像龙眼，故又称龙荔，距今已有 1 000 多年历史。宋代学者周去非著的《岭外代答》中写道："静江（今桂林）一种曰龙荔，皮则荔枝，肉则龙眼，其叶与味悉兼二果之特色。皮青便熟，后则转黄。可蒸，食如熟栗，不可生啖，令人发痫，多食能生痰，与荔枝同时。"与周去非同时代的学者范成大也在《桂海虞衡志》中记载："龙荔，壳如荔枝，肉味如龙眼，木身似二果，故名。可蒸食，不可生啖，令人发痫，或见鬼物。三月开小白花，与荔枝同时。"为什么两位学者都在书中分别记载小韶子"不可生啖，令人发痫"呢？原来，小韶子全株有毒，尤其是核仁毒性最大，被称为"疯人果"。

如果你到云南的河口和屏边一带或到广西等地区，不论是在野外，还是在房前屋后，常可见到小韶子的身影。它宛如一株荔枝树或桂圆树，树冠常绿，呈半圆头形，稍稍开张，灰褐色的树干上纵裂明显、粗糙不堪，脆弱的枝条向外斜生，稍加用力便可折断。在黄绿色的新梢上，有大片大片的锈色斑块。微风拂过，它那长 12~21 厘米、宽 4~7 厘米的大叶片，在华丽的树冠上婆娑起舞，让人感到丝丝凉意，顿觉神清气爽。开花时节，每一花序雌雄双花凑一块儿，热闹非凡，似乎预示着今年又是丰收的一年。每年 5 月至 6 月结果，果实褐色，比荔枝略小，比桂圆略大，给大自然又添一层魅力。

值得注意的是，这种俗称"疯人果"的植物，果肉虽然味道甘甜，生果核却不那么"友好"，其果仁辛辣涩口，如果误食，会造成头痛恶心、中毒性精神病，严重者还会有生命危险。不过，果核煮熟后却可食用，味如糖炒板栗，香甜可口。

近几年，南方不断有人拿疯人果冒充桂圆上市，因此，购买者要仔细辨别，如果误食了疯人果，不仅不能补益身体，还有可能引发精神疾患。

疯人果与桂圆的区别如下：

桂圆果壳较平，果蒂旁有一个小"芽"，周围有纹路。壳内壁棕黄色，较平滑，有亮泽。果肉具有桂圆特有的香甜味，不黏手，容易剥离，有点透明，有韧性。果肉完全覆盖种子。果核圆形而光滑，无纹路，切开后，棕黑的壳和籽容易分开。

而疯人果经过打磨，不像桂圆那样干净，外壳一般涂有黄粉，用手一抹全手皆是，无果蒂及小"芽"，无纹路，果壳有明显的鳞状凸起，很像荔枝。壳内壁发白或呈淡黄色，不平滑，无光泽。果肉无桂圆的香味，仅有点苦涩的甜味，黏手，不易剥离，剥下的果肉无韧性。果肉不完全覆盖种子。果核椭圆形，有一明显的沟或槽，切开后，棕黄色的皮壳与籽不易分开。

颠茄：切断"生命之线"的植物女神

在古希腊神话传说中，掌管命运的有三位女神，她们分别是克洛托、拉切西斯、阿特洛波斯。最小的克洛托掌管未来和纺织生命之线，二姐拉切西斯负责决定生命之线的长短，最年长的阿特洛波斯掌管死亡，负责切断"生命之线"，即使是天父宙斯也不能违抗她们的安排。阿特洛波斯冷静且有主见，公正又心思缜密，她和两位妹妹一起负责平衡人类的命运。

大自然有一种植物，被称为植物界的"阿特洛波斯"，它叫颠茄，原产于欧洲中南部及小亚细亚，20世纪30年代被引进我国，浙江、北京、上海、山东等地有栽培。人们一旦误服颠茄，会出现瞳孔放大、视力模糊、头痛、思维混乱以及抽搐甚至产生幻觉等症状。两个颠茄浆果的摄取量足可以使一个小孩子丧命，10至20个浆果会杀死一个成年人。即使砍伐它，也要小心翼翼，以免引起过敏反应。

颠茄为多年生草本植物，在富含石灰质的土壤中群生，全草入药，现在在眼科中用作散瞳药。种子初春发芽，植株根呈圆柱形，茎为扁圆柱形，粗壮直立，上部分枝，最高可达5米。

颠茄里含致命毒素，如果吸入足够的剂量，会麻痹侵入者的神经末梢，比如血管肌、心脏肌和胃肠道肌里面的神经末梢。在其叶、果实和根部均含有毒性成分颠茄生物碱、莨菪碱等。当它长到0.6~1.2米高的时候，毒性最强，这时候它的叶子显深绿色，花为紫色钟形。因为其浆果味甜多汁，经常会迷惑儿童食用，引起中毒。

颠茄又是一种常用中草药，有抗胆碱等功效，可用于镇静、麻醉、止痛、镇痉、减少腺体（例如涎腺和汗腺）分泌等。20世纪90年代，东莨菪碱应用于戒毒，取得了显著疗效。

颠茄又叫"姑娘花"，这源于一个动人的民间故事。

相传很久以前，尼亚拉瓜大森林旁聚居着一个强大部落，部落酋长是个智勇双全的优秀猎手。有一天夜里，酋长在梦中被一个女孩的哭声惊醒，他走出帐篷，发现一个自称迷路的小姑娘，酋长可怜她，就把她收为养女。姑娘长大成人后，酋长的七个儿子都想要娶她为妻。他们私自约定，通过决斗的方式来分出胜负。酋长得知后，感到儿子们这是自相残杀，于是求助一个巫师，巫师说只有除掉姑娘才能消除这场灾难。酋长别无他法，只得忍痛

◎ 颠茄

把姑娘杀了,抛尸到一片密林里。

没想到,姑娘只是昏死过去,醒来时,隐约听到有人召唤,她循声望去,看到一株不到半人高的开着紫花的小草。姑娘感到自己的身子缩小了,她躲进那紫色的钟形花朵里,从此在花朵中长期住了下来。

七兄弟找不到心爱的姑娘,变成七只蝴蝶,找到了这株花,却不敢靠近,因为这朵花对它们有致命的毒性。

这株花便叫颠茄,它有着许多特别之处:颠茄叶能使人瞳孔放大,也有镇痛止疼的功效,还有安神之效。

大麻:令人人格扭曲的恶魔

荨麻目大麻属大麻科仅大麻一个品种,它本是一种茎直立高大可制造纤维纺织品的植物,适合在地球上大部分温带和热带地区生长,强韧又耐寒,没有任何有毒成分。谁知,印度竟出现一个它的变种,不但生得矮小多枝,还可从中提取大量缓和的致幻物质。

印度这种大麻为一年生草本植物,叶互生或下部对生,具长柄,掌状全裂,叶片呈披针形或线状披针形,具锯齿,托叶侧生,分离。茎直立,具纵沟,灰绿色,密被短柔毛,花单性,雌雄异株,瘦果扁卵圆形,光滑而有细网纹。从它的雌性植株花和毛状体上提取的四氢大麻酚,可让人飘飘欲仙,最后吸食成瘾,人格扭曲。

在吸食大麻的过程中,人往往会有如下感受:

最初 1~2 分钟,可出现短暂的焦虑情绪。随即进入爽朗期,吸食者感到特别安定、惬意、轻松愉快，一切似乎都十分美好，幸福感陡增，待人接物谈笑风生，很想找人分享他的愉快。

之后，吸食者慢慢转入陶醉期，恬静自得，不再想与人谈话，愿意独自沉浸在销魂状态。对于颜色感觉生动、丰富而深刻，感到周围事物绚丽多彩，五光十色。对

◎ 大麻

音乐的鉴赏能力增强，对其他声音也很敏感。触觉、味觉与嗅觉均发生变化，最突出的是感到时间过得缓慢，几分钟如同几小时。空间知觉也发生改变，如觉得周围事物变近、变大，犹如从望远镜中观察事物一般。在感知觉改变的同时，脑子也灵光了，工作更能胜任了。接着就出现一种不寻常的联想和思维程序，开始采取一种新奇的观点看问题，浮想联翩，观念飘忽不定。

最后，记忆广度缩小，注意力涣散，计算功能变差，有时连一句话也说不全，只能意会，不能言传。严重者出现偏执意念，幻想与现实交织在一起，概念模糊，甚至精神崩溃。在运动方面，动作反应迟缓，协调运动性操作能力丧失。吸食成瘾后，产生动机缺乏症候群，不想学习，不想工作，对生活消极，人格渐渐堕落，道德出现沦丧。

人类吸食大麻，最早可追溯到新石器时代，距今有几千年的历史。十几年前，在罗马尼亚境内发掘出一个古墓，里面一只炭炉内就有烧焦的大麻种子。

古代世界的斯基泰人和色雷斯人同样知道大麻。据说色雷斯人的巫师通过燃烧大麻的花来达到灵魂出窍状态。

吸食大麻的人对其依赖性很强，也就是人们俗称的"上瘾"，一般以心理依赖为主。成瘾后很难戒除，骤然停用可引发激动、不安、食欲下降、失眠、体温下降甚至寒战、发热、震颤等症状。2012年，巴西圣保罗联邦大学在巴西 149 个城市调查访问了 4 607 位14 岁以上民众，研究发现，1/3 的大麻吸食者已经上瘾，一旦没有抽大麻就表现出焦躁、忧虑与失控迹象，且自认为已停不下来；1/3受访成年人曾尝试戒掉大麻，但没有成功；近 30% 吸食者在尝试戒毒时出现戒断症状。

大麻用在医学上，可辅助治疗某些晚期绝症，如癌症、艾滋病等，但医生一般不作推荐，重要原因之一就是它的"致瘾之毒"。

禁毒，是每一位公民的责任！请远离毒品，珍惜生命！

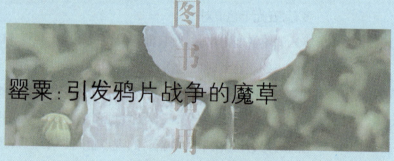

罂粟：引发鸦片战争的魔草

1839 年 6 月 3 日，清朝著名爱国将领林则徐在广东虎门将大箱大箱鸦片全部销毁，这就是历史上著名的虎门销烟事件。

什么是鸦片？原来，跟变叶木的毒汁液一样，鸦片也是一种有毒植物的汁液，几百年来，它摧残了数以亿计人的身体，成为影响全球最广的毒品植物。

这种植物名叫罂粟，属罂粟科，为一年生或二年生草本植物，一般株高 60~100 厘米，茎平滑，上面铺满白粉。叶灰绿色，互生，没有叶柄，呈长椭圆形。花芽常下垂，单生，开时直立，花大而美丽，花瓣四枚，白色、粉红色或紫色。果长椭圆形或壶状，约半个拳头大小，黄褐色或淡褐色，平滑，具纵纹。它原产于地中海东部山区、小亚细亚、埃

◎ 罂粟花

及、伊朗、土耳其等地，公元 7 世纪时由波斯地区传入中国。现在以印度与土耳其为两大主要产地。这些直立的植株随风摇曳，美丽的花朵透出一种招摇却又诡魅的气息。每年 6 至 8 月果实成熟期，总会看到烟农们的忙碌身影，他们在一棵棵绿色的植株里收割着一滴滴白色的汁液，这些汁液经过简单加工，就成了鸦片，再经过加工，就成了让人闻之色变的吗啡和海洛因。

在一些电影镜头中，人们常可看到一些吸食鸦片或海洛因的镜头：一些似鬼非鬼的人沉迷于一阵阵烟雾中，他们飘飘欲醉、欲死欲仙，但是，一旦毒瘾发作，却又昏昏欲睡，眼泪鼻涕一起流，身边一时没有解救的药品，便会歇斯底里大喊大叫，仿佛坠入地狱般难受。

多年来，人类一直未能脱离这类恶魔植物。5 000 多年前，苏美尔人就虔诚地把罂粟称为"快乐植物"，大诗人荷马称它为"忘忧草"，维吉尔称它为"催眠药"。 在古埃及，人们还称它为"神花"。古希腊人为了表示对它的赞美，让执掌农业的司谷女神手拿一枝罂粟花。古希腊神话中，有一个统管死亡的魔鬼之神许普诺斯，酣睡时，手里就拿着罂粟果，以免被身边的儿子惊醒。

一直到 19 世纪，人们才发现罂粟是悬在人类头上的一把达摩克利斯之剑。因为世界各地到处是骨瘦如柴的"鸦片鬼"，特别是中国人因大量吸食鸦片，被西方列强称为"东亚病夫"。中国爆发的两次鸦片战争，就是国人抵制

毒品的一个例证。

生食鸦片，更会让人死于非命。中毒后有三大特点：昏睡、瞳孔缩小及呼吸抑制。中毒初期兴奋不安、头晕头痛、谵妄、恶心呕吐，继则乏力、昏睡或昏迷，呼吸浅表而不规则，瞳孔极度缩小如针尖大，伴有紫绀，体温和血压下降，脉搏由快变慢而弱，尿急，排尿困难，出汗，胆绞痛。因毒性作用主要在中枢，昏迷时，脊髓反射依然存在或增高，继而消失，最终死于呼吸衰竭(死前瞳孔散大)。

不过，跟许多有毒植物一样，罂粟也有好的一面。罂粟壳内含吗啡、可待因、那可汀、罂粟碱等 30 多种生物碱，有镇痛、止咳、止泻的功效，可用于肺虚久咳不止、胸腹筋骨各种疼痛、久痢常泻不止，也可用于肾虚引起的遗精、滑精等症。

据统计，罂粟科大约有 26 属 250 种，中国有 11 属 55 种。

墨西哥鼠尾草：异军突起的迷幻草

作为屡禁不止的毒品植物，大麻、罂粟让全世界人民都十分忧虑。但近年来，又有一类同样具有致幻作用的植物出现在人们的视线里，引起全球社会的关注。人们担心，这种廉价并且唾手可得的植物可能成为大麻、罂粟新的替代品，危害人类的身心健康。

这种植物名叫墨西哥鼠尾草，中文俗名是迷幻鼠尾草。如今，美国一些州已将它列为非法药物，禁止生产抽吸。2006 年，美国特拉华州一名少年因吸食墨西哥鼠尾草而自杀，这名少年的血液颜色加深，情绪反常，最后因忧郁而走上寻死的道路。

美国已有八个州限制境内存在墨西哥鼠尾草，其他十六个州也正在制定相关法规加以限制。其他各国对它的存在，也表示高度警惕和关切。

墨西哥鼠尾草究竟长什么模样呢？它究竟有什么神通让人们对它"谈虎色变"呢？

墨西哥鼠尾草为多年生草本植物，茎中空方形，植株约高1米，叶子披针形如柳叶，长度2.5~12.7厘米，叶片正面皱缩，背面密被白毛，叶对生于四棱形的茎上，开约30厘米的螺旋状花序，紫色花萼，煞是好看。主要生长在墨西哥卡瓦州地区，为唇形科鼠尾草属，喜欢全光照环境，栽植于空旷地，生长迅速，株丛茂盛，秋季开花。

40~70毫克的鼠尾草叶片就可致吸食者达到迷幻效果。吸食之初，人会显得特别精神，说起话来滔滔不绝。接着，人会产生很清晰的幻觉，仿佛进入另一个世界，有严重恐惧感，流口水，吼叫，精神与身体分离，时空错位。在吸食后的30至45分钟内，根本无法与外界交流沟通，无法分辨幻觉与现实。

生命诚可贵，健康价更高。远离毒品，从你我做起！

◎ 墨西哥鼠尾草

镜头四
致痒植物

许多植物都有"咬"功，一旦被它们咬着，皮肤会又痛又痒，苦不堪言。本组镜头中，你会看到三叶毒藤"毒嘴"的真面目，万年青"咬"人叫人变哑巴的邪恶，一品红又是如何"亦妖亦仙"……

三叶毒藤：长"嘴巴"的魔鬼藤

　　三叶毒藤又称毒漆藤，是一种分布在美国加利福尼亚州的有毒植物，因其复叶上总是长有三片大小不等的小叶片而得名。它具有奇特的"咬功"，谁要敢去招惹它，它准会张开"魔嘴"，"咬"得人又痛又痒。

　　在北美及澳大利亚等地的庭院篱笆、野外干燥的土地里、大自然开阔的林地里，处处可见三叶毒藤横行的魔影。三叶毒藤极擅伪装，能很轻易地掺杂到其他植物当中，因与其他几种常见的园林植物长相相似，通常都能蒙混过关。如果有人触碰到它，它便毫不客气地"咬"上一口，被它咬过的皮肤会立即形成发痒、起水疱的皮疹。

　　三叶毒藤属漆树科漆属植物，有蔓生的藤生植物和直立生长的灌木植物两种。小叶呈锯齿状，叶子尖端像一枚刺一样伸长，叶片表面光滑，好像抹了一层油，可滴下水来。它的叶片还具有魔法功能，颜色总是随着季节的改变而改变——春天是微红色的，夏天是绿色的，而秋天则变成了黄色、橙色或者红色。花是黄绿色的，结白绿色的浆果。

　　三叶毒藤为什么会"咬"人呢？原来，三叶毒藤含有漆酚，这是一种会使大多数人产生过敏反应的油性物质，皮肤一旦接触到它，会产生剧烈的肿胀反应。三叶毒藤的根、茎、叶、花、果均含漆酚，尤其是春夏季汁液中的含量浓度最大。如果焚烧该植物，漆酚也会得到传播，因为热气使得它的植物油变为蒸汽，蒸汽随着燃烧的烟进行传播。漆酚一旦沾染到人的衣物、鞋子、园林工具或其他物体上，其毒性可以保持一年甚至更长的时间。

◎ 三叶毒藤

感染漆酚后，一般 24~48 小时后开始出现症状，发作时间从 7 天到 14 天不等。病症包括起初皮肤上长出红色的、有脓水的疹子，奇痒无比，随后水泡会破裂，皮肤上的水泡在两周后可痊愈。不过，叫人稍感欣慰的是，三叶毒藤中毒后一般不会传染。

2006 年 4 月，据美国《费城调查者报》报道，全球气候变暖的趋势正使得三叶毒藤的枝条变得更加粗大、更使人发痒。

该报纸报道，林务人员长期以来一直认为二氧化碳浓度升高使得光合作用加剧，最终导致三叶毒藤生长繁殖旺盛。杜克大学的研究人员对这种现象进行了研究。此前，气候学家曾经预测，2050 年全球空气中的二氧化碳浓度将达到很高值。因此，杜克大学的研究人员将三叶毒藤置于气候学家所预测的 2050 年将会出现的含有高浓度二氧化碳的空气中，结果发现，毒藤条的生长速度比在目前的正常空气中生长的速度要快 150%。

而据《美国国家科学院院报》报道，在含有高浓度二氧化碳的空气中生长的该种植物的刺激性也比在正常的空气中强 30%。

银胶菊：一边产胶一边"咬"人

自然界有一种能产橡胶的植物——银胶菊，"咬"起人来比三叶毒藤有过之而无不及。

银胶菊为菊科银胶菊属一年生草本植物,老家原在美国得克萨斯州及墨西哥北部一带,后"流窜"到越南、中国台湾等地,是一种入侵植物。由于它含有抑制其他植物生长的化学成分,拥有强大的排斥其他植物的功能,因而无论走到哪里,总能独霸一方。我国广东、云南、广西、贵州、西南等地,均可见它们的魔影。它们喜欢生长在海拔 90 米～1 500 米的热带地区,旷地、路旁、河边和坡地,四处皆可为家。以前是野生居多,后来由于人们发现能从其体内提取橡胶,因而多国都有人工栽培。

银胶菊有一根直立的茎,身高 0.6~1 米,茎上分枝很多,茎下部和中部的叶呈鸡蛋形,叶色像银子一样放光,形似羽毛一样有裂缝,连同叶柄长 10~19 厘米,宽 6~11 厘米,上面被一层粗糙的茸毛,下面也长满密密麻麻的柔毛,不太好看。开白色的舌状花,4 月开花,10 月果实成熟。

人类发现能从银胶菊提取橡胶,是在一百年前。第二次世界大战爆发后,日本占领了当时主要橡胶产地东南亚,阻断了大多数天然橡胶的供应,为了保证天然橡胶的供应安全,美国和苏联分别尝试了大规模种植银胶菊和俄罗斯蒲公英,并成功从中提取橡胶,因而具有一定的商业价值。

银胶菊的花粉有"咬"人的毒性,会造成人体皮肤过敏、支气管炎,大量直接接触会引起皮肤发炎、红肿。此外,它体表的微细状体还含有银胶素,吸入过多可能造成对人的肝脏损害以及遗传病变,所以国际上将它视为"毒草"。澳洲、印度都曾发现牛羊等牲畜因大量接触银胶菊中毒死亡的案例。

由于银胶菊具有"咬"人的习性,因而作为杂草铲除它时,应戴口罩和手套。必要时,可将被铲除的银胶菊一把火烧掉,事后应立即洗手,避免病变。

漆树:叫人又疼又痒的"老巫婆"

相传很久以前,拉祜山上住着一个吃人的老巫婆,她长着一身又黑又浓的毛。寨子里头住着母女三人,老巫婆先吃掉了老阿妈,接着把老阿妈的手镯戴在手上,化身成老阿妈,再来骗两个女儿。小女儿不懂事,让老巫婆骗到楼上一起睡觉,那一晚,小女儿被老巫婆的黑毛刺得又哭又笑,最后被老巫婆吃掉了。大女儿在楼下听得清清楚楚,心想妹妹一定凶多吉少,于是将老巫婆丢下来拴她的绳子拴到一只狗的身上,自己起身逃跑了。过了一会儿,老巫婆在楼上叫大女儿,没有人答应。她用力拉绳子,听见狗叫声,知道上当了,就去追赶。大女儿跑啊跑啊,爬到一颗多依树上。老巫婆追到树下,她不会爬树,于是心生一计说:"女儿,你摘果子给老阿妈吃好吗?"大女儿看着树下的妖怪,心里头有了主意。她说:"阿妈,这树上的果子还不熟呢,您回家去拿个烧犁头来,我用犁头把果子烫熟给您吃。"等老巫婆高高兴兴地搬来烧犁头,大女儿却用烧犁头把她砸死了。

此后,老巫婆倒下的地方长出了一大片漆树,谁碰了就会浑身起泡,又痛又痒,似乎还能听到老巫婆发出不甘心的邪恶的叫声。

从那以后,拉祜山就有了漆树,只要有人碰到它,身上就起疙瘩,即使人从旁边走过也会浑身过敏。所以,拉祜人进山,一般都不碰这种树。

漆树属漆树科落叶乔木,高达 20米,分泌的汁液就是用于家具生产的生漆,在我国有两千多年的栽培历史。

◎ 漆树

该树种在我国秦巴山地和云贵高原分布广泛,数云南、四川、贵州三省产量最多。生漆是天然树脂涂料,素有"涂料之王"的美誉。漆树可取蜡,籽可榨油,木材坚实,可制作家具。它树皮灰白色,光滑,因老后割漆的缘故,树身上满是纵裂的口子。

漆树是"咬人植物"中最具代表性的品种,作为有毒植物被中国植物图谱数据库收录。树体内含漆酚,毒性来源于树的汁液,对生漆过敏者皮肤接触该树即引起红肿、痒痛,误食则会引起强烈刺激,如口腔炎、溃疡、呕吐、腹泻,严重者可发生中毒性肾病。

由于漆树外形酷似香椿,因而常被人误判采摘而引发皮肤过敏。那么,漆树与香椿到底有何区别呢?第一,漆树的树皮有不规则纵裂,上面留有 V 字形的割漆口,时间久了,原先白色的割漆口会氧化变成黑色,所以在山里旅游或者游玩的时候,一旦看到树干上有 V 字形的口,毫无疑问就是漆树。第二,可以通过树皮分辨,漆树树皮较粗糙,香椿树树皮要光滑一些。第三,香椿树的树叶整体形状是呈长条形的,而漆树叶整体形状是扁圆形的。第四,香椿树的树叶上面能够看出一些锯齿的形状,而漆树叶上完全找不到这种形状。第五,闻气味,香椿芽能闻到一股很浓烈的香味,漆树则完全没有气味。

一品红:"亦妖亦仙"的致痒植物

大戟科大戟属有一种名叫一品红的植物,它似乎专为圣诞老人而生,每每于圣诞节期间开花,因而又被人们称为"圣诞红"。

一品红是一种适合各种场合祝福的花。它大而红的叶子,总

◎ 一品红

会营造一种喜气洋洋的气氛，好像正握着双手向人道贺似的。在一些婚礼中，红叶与白花的搭配，似乎表示"我的心正在燃烧"。在寒冷的冬季里，放一盆鲜红的一品红在家中，感觉就像是点燃了冬天里的一把火。所以，它的花语是"一片炽热的热情"。

一品红原产于墨西哥塔斯科地区，为常绿灌木，如童年闹了"饥荒"，水分不足，缺少营养和光照，植株则只能长到 50 厘米高，若营养过剩，"海吃山喝"，它便猛抽条儿，长出 300 厘米的身高来，叫你大吃一惊！它的茎叶含有白色汁液，茎光滑，嫩枝绿色，老枝深褐色，单叶互生，其最顶层的叶是火红色、红色或白色的，因此经常被误当成花朵，其实是一种美丽的观叶植物。每一花序只有一枚雄蕊和一枚雌蕊，其下形成鲜红色的总苞片，呈叶片状，色泽艳丽。一品红的"花"由形似叶状、色彩鲜艳的苞片（变态叶）组成，真正的花则是苞片中间一群黄绿色的细碎小花，不易引人注意，果为蒴果。

在被引入欧洲之前，一品红一直被阿芝特克人（美洲印第安人）用作颜料和药物。1825 年，由美国驻墨西哥首任大使约尔·波因塞特引入美国，广泛栽培于热带和亚热带。中国大部分地区都有栽培，常见于公园、植物园及温室中。

一品红性凉，味道苦涩，有调经止血、活血化痰、接骨消肿的功效。但是，一品红的身份至今没有一个定性，有说它是"妖"的，也有说它是"仙"的。

　　说它是"妖"的人认为一品红全株有毒，茎叶里的白色汁液会刺激皮肤，使皮肤红肿，引起过敏反应，如果误食茎叶，会引起呕吐、腹痛，甚至中毒致死。郑州植物园有关专家就说，一品红全株有毒。茎秆中的白色乳汁含有多种有毒生物碱，皮肤接触后可致红肿、发热、奇痒和局部丘疹。如误食茎叶，轻者致胃肠道反应和神经紊乱，严重者会中毒致死。不过，用来观赏不会对人体和环境造成危害，但一定要把这种花摆放在幼儿不容易够到的地方。

　　说一品红是"仙"的人则认为一品红有毒毫无科学依据。早在1971年，美国俄亥俄州立大学对一品红的毒性问题就做过专题研究，发现白鼠食用了特大剂量的一品红叶片后，白鼠的饮食和日常行为没有出现任何异常，更未有死亡、中毒等症状。美国《毒理通报》提供了一份有毒物品信息中心的研究结果，结论是：一个体重25千克的小孩摄入500至600片一品红叶子，没有发生中毒现象。1990年，克鲁格进行过电话专访，结果表明极少数人对一品红的白色汁液有皮肤不适反应，接受采访的353人中有2%的人皮肤发红，0.28%的人有流鼻涕症状。此外，根据美国医学协会的调查，没有发现摄入一品红后致死或出现严重伤害的病例。总之，有不少研究机构或研究者认为，一品红并不像某些传媒所说的那样有毒。

　　不管一品红是"妖"是"仙"，幸好，它只是供人观赏的普通花卉，而并非供人食用的美味！

秋海棠：厌恶"咸猪手"的"断肠花"

　　有一种中外驰名的花卉秋海棠，十分厌恶"咸猪手"，谁要敢拿手去招惹它、非礼它，它管教你皮肤瘙痒、呕吐、拉肚子、咽喉肿痛甚至呼吸困难！

　　秋海棠品种众多，有 1 000 多种，原产于我国，主要生活在河北、河南、山东等地海拔 100~1 100 米的山谷潮湿石壁上、山谷溪旁密林石上、山沟边岩石上和山谷灌丛中。日本、爪哇、马来西亚、印度也有分布。秋海棠为木质大藤本植物，皮、茎均分泌白色汁液。叶对生，倒披针形，长达 25 厘米，宽达 10 厘米，典型的大叶片。花呈聚伞花序伞房状，花梗长约 7 厘米，花有芳香气味。蓇葖果合生，圆柱形，长达 16 厘米，直径约 4 厘米。皮肤若与秋海棠体内汁液接触，会引起痛痒呕吐、拉肚子、咽喉肿痛等症状。

　　秋海棠是著名的观赏花卉，花色艳丽，花形多姿，叶色娇嫩柔媚、苍翠欲滴。花有红色、粉红及白色，花期 4~11 个月。不但花好看，其叶也色彩丰富，有淡绿、深绿、淡棕、深褐、紫红等。花、叶、茎、根均可入药，具有清热消肿、活血散瘀、凉血止血、调经止痛等功效，常用于治疗跌打损伤、咽喉肿痛、痈疔肿毒、吐血、咯血、鼻血、月经不调和胃溃疡等病症。

　　秋海棠又叫断肠花，这起源于一则凄美的传说。

　　相传很久以前，东海边有个古镇，镇上每户人家都喜欢种花、欣赏花。有些人就以种花为业，一些客商也喜欢把古镇的花卉带到海外去做买卖。古镇有个人叫贵棠，家有妻子、孩子和母亲，一家四口日子过得挺紧巴。贵棠娘子会一手精巧的剪

◎ 秋海棠

花手艺,还能用色纸和彩绢做成绢花,很受海外客商的青睐。贵棠听说海外绢花能卖很高的价钱,于是想亲自把绢花弄到海外去卖。秋天的时候,贵棠搭便船出海了。可是,一年过后,贵棠也没回来。

贵棠娘子盼啊盼,等啊等,消息终于传来,贵棠在海外贫病交加,早就死了,但贵棠娘子却半信半疑,坚信丈夫能活着回来。她每天呆痴痴地倚在北窗窗槛上,朝海上望着,流尽眼泪哭断肠。花神怜悯她,就把她洒落在北窗下土里的泪水化出一棵草,草叶儿正面绿色,背面红色,开着的小花,像点点泪花,又像贵棠娘子做的鲜艳、浑厚的绢花,既稀奇,又好看。这是花神让贵棠娘子种出这种奇异的花儿来卖了好过日子,也是让贵棠娘子每天看着这花儿,寄托对丈夫的哀思!

后来,这种花旺发了一大片。人们说贵棠死得可怜,他是秋天出海的,这花又是秋天开的,就叫它"秋海棠",用以纪念。还说,花儿是贵棠娘子哭贵棠哭出来的,所以又叫它"断肠花"。

也许,正是花中浇融了贵棠娘子带碱性的眼泪,所以,"断肠花"成了一种致痒草!

叶状耳盘菌:冒充黑木耳的"致痒菌"

真是大千世界,无奇不有:花有"致痒花",草有"致痒草",食用真菌中竟也有"致痒菌"。

在云南的勐腊、勐海、大理、昆明及西藏的下察隅等地,就生长着这样一种"致痒菌"。它叫叶状耳盘菌,又称暗皮皿菌、毒木耳,外貌看起来与黑木耳简直就是双胞胎,人若误食,不到一小时,脸上、脖颈、手、背部等皮肤就会搔痒难耐,灼热红肿。

叶状耳盘菌老家在日本,相关文字记载,第二次世界大战时期在培养香菇的段木上发现它的行踪,并发现有毒。直至20世纪八九十年代,才在我国云南、贵州有分布的报道,并发现中毒案例。

叶状耳盘菌为蜡钉菌目胶陀螺科耳盘菌属真菌植物,丛生,直立,长有菌柄,"兄弟们"抱团的姿态宛如一朵黑色的月季花,菌面革质,边缘完整呈波状,表面光滑,背面有皱纹。鲜时黑褐色,柔软有弹性,干后变墨褐色,脆而坚硬,水泡时又复原,就跟黑木耳一般。在碱性溶液中,有大量黑褐色色素析出。

虽然它长得跟黑木耳一样,却没黑木耳纯洁、善良。叶状耳盘菌有毒。1989年7月,云南大理永平县有农民误将其作为黑木耳烹饪食用,造成7人中毒,一男童因咽喉水肿,窒息身亡。西双版纳也曾有因食此菌而中毒者。中毒后,一般潜伏期1至3小时,之后人的皮肤会表现出中毒症状,脸、颈、手、背部皮肤发痒,灼热红肿,刺痛,有的地方还形成水泡和水肿,见风曝光症状加重,个别患者低热,重者咽喉水肿,窒息而亡。恢复期,面部、颈部和手、背部脱屑。

火殃勒:有"火"性的霸王鞭

火殃勒是一种家庭常栽培的观赏植物,由于它四季常青的挺拔的肉质茎和顶部浓密的像皮革一样的大叶子,有点像当年霸王所用的刚劲有力的钢鞭,所以又称"霸王鞭"。其他如"金刚树""龙骨树""肉麒麟""羊不挨""火旺""火巷""火焰"等,都是对它的"戏称"。

从火殃勒的别称中,可以看出它的特性几乎都与"火"和"霸道"有关。原

◎ 火殃勒

来，这些别称竟是由火殃勒的毒性而来。若人的皮肤与它的汁液接触，瞬时引起发炎症状，皮肤上会生出一些像开水烫了一样的水泡，又疼又痒；若汁液入眼，还会造成失明。若误食少量火殃勒，可引起剧烈腹泻。误食大量，则刺激口腔黏膜，引起呕吐、头晕、昏迷、肌肉颤动等。

种种症状都表明，火殃勒有"火"性。难怪如此——它是一种大戟科大戟属植物，这类植物大多有毒。火殃勒原产于印度，分布于热带亚洲，我国南方有栽培。它的形象也显得特别，虽然有些像柱状的仙人掌，却不是仙人掌，而是一种常绿肉质灌木，身上还具有美丽的斑纹。花比较小，很不显眼，唯一夺人眼球的是它那几根挺拔的肉质一样的"钢鞭"。因而，旧时的花店都习惯在入口处摆一盆霸王鞭，它犹如手持钢鞭的门神，既美观又"辟邪"。

火殃勒汁液丰富，茎常呈三棱状，也就是三根"鞭子"，全株入药，具有散瘀消炎、清热解毒的功效。作药用时，必须同大米一起炒焦，方可内服。

万年青："咬"喉致哑的不老草

在林下潮湿的草地上，生长着一种只有叶片的植物。它有十多根细如粉丝的紫红色叶柄从根部长出，叶柄顶端有三根叶脉，一个主叶脉，在主叶脉基部对称长着一对侧叶脉，但没有主叶脉大，以这三根叶脉构成一片美丽的叶子。

每一片叶子特像一只开屏的孔雀，叶片上小底大呈塔形，叶面两侧呈规则的豁口状，豁口一直延伸到叶脉附近两侧，叶子正面为深绿色，背面稍浅发白。它没有主干，开淡黄色的花。这种植物生命力极强，耐干旱，抗寒冷，在长期缺雨时，它自动将叶子收缩在一起，卷成一个小团儿，就好像五指收拢攥成的小拳头。这时它的叶子全枯萎了。但一遇雨天，它便又恢复原来的碧绿，即便在寒冷的冬天，也不会枯死，所以人们都叫它"万年青"。

万年青是假叶树科万年青属唯一种，为多年生常绿草本植物，别名又叫萱、千年萱、开喉剑、九节莲、冬不凋、冬不凋草、铁扁担、乌木毒、白沙草、斩蛇剑等，祖先的生活地在我国南方及日本一带，喜欢在海拔750~1 700米的林下潮湿的草地安家，是很受欢迎的室内观赏植物。古称"萱"，就是"性喜温暖的草本植物"的意思。

有一个惊人的秘密是，万年青并非心甘情愿供我们欣赏。它本是大自然的娇宠儿，怎么可能像是被人囚禁了一样摆放家中呢？于是，不时伸出长长的"嘴巴"咬人，而且专"咬"人的喉咙，被"咬"的人一不小心，便成了哑巴。

万年青的叶子和茎均能分泌白色汁液，汁液里面含有毒的草酸和天门冬素，误食后会引起口腔、咽喉、食道、肠胃肿痛，甚至伤害声带，使人变哑。汁液对人的皮肤和眼睛也具有强烈的刺激性，皮肤会发生瘙痒，而如果不小心进入眼睛的话，则有可能短暂失明。鳞茎也含有毒汁，易引起过敏，接触过多会使人毛发脱落。

万年青为中国植物图谱数据库收录的有毒植物，因容易导致人声带麻痹，故有"哑棒"之称。人中毒后症状可持续几天甚至一周以上。

万年青虽然有毒，还是会受到人们的喜爱，因为它的花语是"健康""长寿"。节庆期间，在家里摆一盆万年青，代表吉祥如意、家庭富有、国家太平；送老人一盆万年青，寓意身体健康、福如东海、寿比南山；送朋友一盆万年青，代表友谊地久天长。

除了可作园林景观、室内装饰外，万年青还可净化空气，吸收甲醛。它的根、茎、叶均可入药，有清热解毒、强心利尿的功效；还可用于防治白喉及白喉引起的心肌炎、咽喉肿痛、狂犬咬伤、风湿性心脏病心力衰竭；还可外敷治疗跌打损伤、毒蛇咬伤、烧烫伤等。

◎ 万年青

因此，哪怕万年青常常张开利嘴等着"咬"人，只要我们想到它带给我们的好处，与它和平相处，不拿手去折它的叶、茎，不去招惹它，是不会被它"咬"着的。